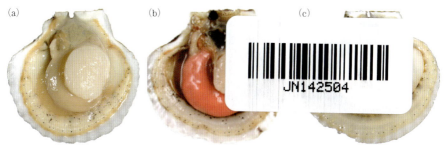

口絵1 (a) 未成熟な半透明の生殖巣をもつ未分化期のホタテガイ，(b) 成熟した赤い卵巣をもつ産卵期の雌，(c) 成熟した黄白色の精巣をもつ産卵期の雄，(d) 実際に産卵誘発させた際の放精中の雄ホタテガイ．(a)〜(c) は，いずれも左側の貝殻を取り除いて見えるように開いたもの．

口絵2 基質上を歩くホタテガイ稚貝 [p.66, 図3.36 (J)]

口絵3 1cm前後のホタテガイ稚貝

口絵4 ホタテガイの目

口絵5 水中から撮影した垂下養殖(筏式)

(a)

(b)

(c)

口絵6 マガキ養殖における垂下連の作成作業
(a) 抑制棚．夏に採苗したマガキ着底稚貝のついたホタテガイ原盤の連を，平均水面に設置した棚に水平に置き，翌春まで潮汐によって干出させて抑制処理することで，堅種（カタダネ）の作成を行う．(b) 春に1cmほどに育った堅種がついた原盤を，等間隔で垂下ロープのよりを戻して，そこに挟み込む．(c) 等間隔で原盤を挟んだ垂下ロープを棚式筏に下げにいく様子．松島湾は浅いため，5m以下と短いロープを使用している．

**口絵7** ホタテガイを垂下ロープにつける作業工程（宮城県雄勝湾での耳吊りロボットを使った連続作業の風景）

(a) 垂下ロープを挟んで背中合わせで2枚のホタテガイ半生貝を，貝殻の蝶番に近い貝殻の耳部分でロープごと細いドリルで貫通させ，ドリルを抜きながら自動でアゲピンを貫通させて，一定間隔で連続的にホタテガイをロープにつける．(b) 連続的に2枚ずつ垂下ロープにつけられたホタテガイ半生貝が機械から押し出される様子．(c) 垂下ロープにアゲピン（黒色プラスチックピン）でつけられた状態．

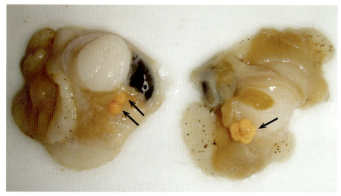

**口絵 8** ホタテガイの鰓上に寄生するホタテエラカザリ（矢印）
（渡島地区水産技術普及指導所提供）［p.153, 図 5.8］

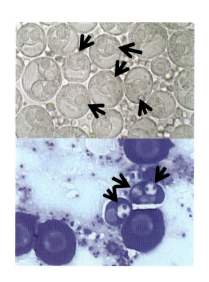

**口絵 9** 卵巣肥大症に罹患したマガキ［p.158, 図 5.10］
病巣を顕微鏡で観察すると原因寄生虫（矢印）が卵母細胞内にみえる．右上は未染色のもの．右下は染色したもの．

**口絵 10** ホタテガイの閉殻筋に出現する腫瘍（矢印・左）と貝殻近辺に形成された場合のかさぶた状構造（右）［p.165, 図 5.13］

シリーズ 水産の科学 ③　良永知義［総編集］

# カキ・
# ホタテガイ
# の科学

尾定　誠［編著］

朝倉書店

## まえがき

　これまでにも水産増養殖に関する出版物が刊行されてはいるが，カキとホタテガイに特化した，多くの専門家が執筆する入門書は，近年見かけることがないと言っても過言ではない．本書は，我が国の主要な水産増養殖対象の二枚貝であるカキとホタテガイの水産増養殖，水産化学，水産経済に関わる研究や技術開発を専門としている執筆者が結集して，その分類や生理・生態に関する生物学，養殖の歴史と現在の養殖技術，食品としての特性，養殖生産における貝毒，疾病などのいろいろな課題から流通経済まで幅広く網羅した入門書である．この趣旨にご賛同いただき，執筆を快くお引き受けいただいた第一線で活躍されている諸先生や試験研究機関の研究員の方々に深く感謝したい．

　執筆にあたっては，水産学に興味のある高校生から水産系大学の学部生を対象とした．我が国の水産増養殖の重要な二枚貝である，マガキとホタテガイを知る一助となることを期待している．本書は，総論とカキとホタテガイにまつわる世界各地の古い歴史と食文化にはじまり，世界のカキとホタテガイの分類と生理・生態などの生物学，我が国におけるそれらの養殖の歴史や現在の種苗生産と養殖技術，食品衛生上問題となる貝毒や感染生物による疾病，食品としての特性と安全性，国内外の市場と流通・加工について幅広く概説している．カキとホタテガイの増養殖産業を体系的に学んでもらえれば幸いである．

　最後に，本書を出版するにあたり，朝倉書店編集部に大変お世話になったこと，著者らを代表して心から深謝する．

2019 年 7 月

尾定　　誠

## 編著者

尾定　誠　東北大学大学院農学研究科

## 執筆者

| | | | |
|---|---|---|---|
| 伊藤直樹 | 東京大学大学院農学生命科学研究科 | 田邉　徹 | 宮城県水産技術総合センター気仙沼水産試験場 |
| 尾定　誠 | 東北大学大学院農学研究科 | 長谷川健二 | 福井県立大学名誉教授 |
| 落合芳博 | 東北大学大学院農学研究科 | 宮澤晴彦 | 北海道大学大学院水産科学研究院 |
| 小坂善信 | 前　青森県農林水産部 | 山下まり | 東北大学大学院農学研究科 |
| 此木敬一 | 東北大学大学院農学研究科 | 吉田　達 | 青森県産業技術センター水産総合研究所 |
| 高橋計介 | 東北大学大学院農学研究科 | 良永知義 | 東京大学大学院農学生命科学研究科 |

(五十音順)

## 目　次

第1章　総　　論 ……………………………………………〔尾定　誠〕… 1

第2章　カキ・ホタテガイの文化 ………………………………〔尾定　誠〕… 4

第3章　カキ・ホタテガイの生理・生態 ……………………………………… 7
 3.1　カキ類 ……………………………………………〔高橋計介〕… 7
  3.1.1　カキ類の分類　7
  3.1.2　マガキの生理・生態（生活史）　16
 3.2　ホタテガイ（イタヤガイ類） ……………………………〔小坂善信〕… 37
  3.2.1　イタヤガイ類の分類　37
  3.2.2　ホタテガイの生理・生態（生活史）　52

第4章　カキ・ホタテガイの養殖技術 ………………………………………… 76
 4.1　マガキ …………………………………………………………………… 76
  4.1.1　マガキの漁業と養殖の歴史　〔高橋計介〕　76
  4.1.2　マガキの種苗生産　〔田邉　徹〕　79
  4.1.3　マガキの養殖と漁場管理　〔田邉　徹〕　89
 4.2　ホタテガイ …………………………………………………………… 103
  4.2.1　ホタテガイの漁業と増養殖の歴史　〔小坂善信〕　103
  4.2.2　ホタテガイの天然採苗・中間育成・本養殖・地まき増殖
    ……………………………………〔吉田　達, 良永知義〕… 116
  4.2.3　ホタテガイの成長と養殖可能数量　〔吉田　達〕　123
  4.2.4　ホタテガイのへい死対策と付着生物対策　〔吉田　達〕　127

## 第5章　貝毒と疾病 ……………………………………………………… 139
5.1　貝　毒 ……………………………………〔山下まり・此木敬一〕… 139
　5.1.1　麻痺性貝毒　139
　5.1.2　下痢性貝毒　143
　5.1.3　記憶喪失性貝毒　148
　5.1.4　神経性貝毒　149
　5.1.5　その他の貝毒：アザスピロ酸　151
5.2　貝類の疾病と対策 ………………………………………〔伊藤直樹〕… 153
　5.2.1　概　論　153
　5.2.2　各　論　157
　5.2.3　ホタテガイとカキの疾病対策　167

## 第6章　カキ・ホタテガイの食品科学 ………………〔落合芳博〕… 169
6.1　食品学的特徴 …………………………………………………………… 169
6.2　保存と加工に伴う品質変化 …………………………………………… 179
　6.2.1　鮮度低下に伴う変化　179
　6.2.2　調理のポイント　181
　6.2.3　料理法　183
　6.2.4　加工品と加工中の成分変化　183
　6.2.5　貝殻や残渣の利用　184
6.3　食品としての安全性 …………………………………………………… 185
　6.3.1　生物学的危害要因　185
　6.3.2　化学的危害要因　187
　6.3.3　物理的危害要因　190
　6.3.4　危害要因への対策　190

## 第7章　カキ・ホタテガイの流通・経済 ……………………………… 192
7.1　はじめに …………………………………………………〔宮澤晴彦〕… 192
7.2　マガキ ……………………………………………………〔長谷川健二〕… 193
　7.2.1　マガキの国内流通　193
　7.2.2　輸出・輸入マガキの動向　200
7.3　ホタテガイ ………………………………………………〔宮澤晴彦〕… 202

7.3.1　ホタテガイの国内流通　202

7.3.2　ホタテガイの輸入と輸出　206

索　　引 …………………………………………………………… 211

# 1 総論

　世界各地に分布しているカキ類は100種以上いるとされ，主要な養殖対象種には，日本周辺のマガキ，ヨーロッパのヨーロッパヒラガキやポルトガルガキ，アメリカ太平洋岸のオリンピアガキ，アメリカ大西洋岸のバージニアガキ，オーストラリアのシドニーガキなどがある．ホタテガイ類はイタヤガイ上科に属する二枚貝類を指し，約270種いるとされている．主要な養殖や漁獲の対象種には，日本のホタテガイ，アメリカ大西洋岸のアメリカイタヤガイ，カナダ大西洋岸のマゼランツキヒガイ，ヨーロッパのヨーロッパイタヤガイ，日本周辺のアズマニシキガイ（別名アカザラガイ）などがある．

　日本で生産される貝類には，二枚貝類ではホタテガイ，カキ類のほかに，ハマグリ，アサリ，ウバガイ（地方名ホッキガイ），サルボウガイ（アカガイの近縁種），腹足類（巻貝類）ではアワビ類やサザエを農林水産省の漁業生産統計（http://www.maff.go.jp/j/tokei/kouhyou/kaimen_gyosei/index.html）にみることができる．その中でも，カキ類（おもにマガキ）とホタテガイが貝類生産のほとんどを占めており，2017年では，カキ類が約16万t，ホタテガイが垂下養殖で約25万t，地まき増殖で約23万t生産されている．

　これら日本でも馴染みのあるカキとホタテガイは，潮間帯での固着生活や比較的浅い浅海で底生生活し，逃げまわることもなく捕獲しやすいこともあって，洋の東西を問わず，先史時代から手頃な食料であったことはいうまでもない．そのような長い歴史の中で，単なる食料としてだけでなく，食文化の対象として重宝されたり，宗教的な意味をもって取り扱われたりしてきているのが，ほかの二枚貝類にはないカキとホタテガイの特徴ともいえる．

　日本の主要な養殖二枚貝のマガキもホタテガイも，ほかの二枚貝類と同様に，体外に卵と精子を放出し，体外受精によって生息環境のもとで受精発生が進み，浮遊幼生期を過ごしたあと，着底変態を経て親と同じように，マガキは潮間帯に

固着生活を，ホタテガイは一時的に足糸による付着生活を経て海底で底生生活をする．カキ類の中でも，雌雄同体種のヨーロッパヒラガキやオリンピアガキなど，他個体からの精子を受け取って，外套腔内に放出した卵を受精させ，その中で幼生を保育して，ある程度成育した幼生を放出する珍しい種もいる．このような着底変態する生活史を利用したのが，天然採苗とよばれる養殖に必要な種苗を獲得する技術である．養殖の歴史の中で，この採苗技術の発達によって，これらの養殖生産を安定させることができたといっても過言ではない．現在のような，各県の水産試験場による親貝の成熟度調査や浮遊幼生調査による採苗適期の予報や，効率的に天然種苗を採取するための採苗器の開発などが，採苗成績に大きく貢献している．採苗後の稚貝の中間育成も生産性の向上に大きく貢献している技術である．マガキ種苗の質の向上のために行われているのが，平均水面に採苗器ごと秋から春まで設置して，マガキ稚貝の成長を抑制する「床上げ」とよばれる手法である．成長が抑制されるかわりに，貝殻が堅牢で，ストレス耐性をもち，垂下養殖において成長のよい稚貝が得られる．この良好な種苗は，1970年代には盛んにフランスなど海外に輸出され，海外において日本産マガキの養殖が定着したこれまでの歴史が，その質のよさを物語っている．ホタテガイは本来，静穏な海底に生息する底生生物であるので，垂下養殖に伴う揺れや収容密度などのストレスに弱い．それを回避するための垂下養殖施設と垂下養殖手法の改良はいまも続いている．いずれも，魚類養殖と決定的に異なるのは無給餌であることである．これらはろ過食者であり，養殖漁場環境に分布する植物プランクトン，動物プランクトン，デブリスなどの有機物粒子を摂餌して成長・成熟することから，環境調和型の養殖システムであるといえる．言い換えれば，養殖漁場環境中の餌料を，養殖生物どうしやそこに生息する野生のろ過食者と競合することを意味する．環境収容力に基づいた養殖環境の漁場管理の考え方は，これらの垂下養殖漁業における持続的な生産を実現させるために不可欠なものとなっている．

　生産性の安定と向上のもとに生産されるマガキやホタテガイも，ほかの動物と同じように感染症のリスクを背負っており，中には致死性の感染症も知られている．ワクチンや抗生物質などで対処できる生物ではないこともあり，とくに，感染が確認されている県はもとより国を越えた移動を制限する政策が，現在のところもっとも有効とされている．出荷する段階で問題になるのが食中毒対策である．その1つに貝毒による汚染がある．海水中の渦鞭毛藻や珪藻の中には，貝毒となる成分を合成する種類がおり，そのプランクトンを摂餌したマガキやホタテガイ

が貝毒を蓄積し，不幸にもそれを食べたヒトが，麻痺や下痢などの症状を発症する．貝毒による汚染の有無の調査は，感染性のウイルス汚染とともに生産物の安全性を考える上で非常に重要であり，実際に，公的機関だけでなく漁業協同組合でも検査体制をもち，マガキやホタテガイの汚染をモニタリングして自主規制を行えるように体制を整えている．

　生産されたマガキやホタテガイは，生食用，生鮮食品や加工品として流通しており，付加価値をつける取り組みなど，その形態は多様である．国内で生産されるものは，必ずしも国内消費だけにとどまらず，その流通は海外にまで及ぶ．生産物の価格は，国内需要だけでなく，昨今は，海外の需要の影響を大きく受けている現実がある．このように，グローバル化の時代にある現在，広い視野をもって生産に臨む姿勢が必要な時代であることを理解しておかなければならない．

〔尾定　誠〕

# 2
# カキ・ホタテガイの文化

　カキやホタテガイが属する軟体動物は，地球上の動物で節足動物についで多くの種が属する分類群である．『動物分類名辞典』によれば，収録されている動物100万種あまりの中で，節足動物は約75万種，ついで軟体動物は2番目に多い約11万種存在する（内田，1972）．その中でも海産の軟体動物は約5万種，陸上に2万5000種，淡水産が5000種現存し，化石となっているものは6万から10万種にのぼるとMolluscaBase（http://www.molluscabase.org）では紹介されている．

　2012年現在の世界の水産物の生産量は，漁業生産量が約9100万t，養殖生産量が約6600万tで，あわせて約1億5700万tある．そのうち1300万tが軟体動物であり，その約70％はカキ類，ホタテガイ類，ハマグリ類などの二枚貝が占め，その多くは養殖されたものである．一般に，二枚貝類は素早く逃げまわることもなく，浅海や満潮線と低潮線の間にある干潟などに生息していることからも，採取しやすく，古くから食用として捕獲されてきた歴史がある．

　世界各地でかつて食用として採取されて廃棄された貝殻が，いまも貝塚として残っていることからも，人間の生活との長い歴史をうかがい知ることができる．デンマーク，アイルランドや世界各地の海岸近くに，先史時代に形づくられたカキ類などの貝塚がみられる．日本では，縄文の時代から獣や魚介類を狩猟の対象としており，貝塚にはおもにカキとハマグリ類が多くみられ，食料として重宝されていたことがよくわかる．ローマ人の食への強い好奇心と美食家としてのエピソードは有名である．『博物誌』を著した大プリニウスによると，ルシフェリンとルシフェラーゼによって蛍光を発する二枚貝のヒカリニオガイを食べた古代ローマ人の口は，火が燃えるように輝き，光る汁が床に滴り落ちたという．イギリス南部はかつてローマ帝国の支配下にあり，ローマ浴場の近くにヒカリニオガイの貝塚が見つかっている．このような特殊な貝はもとより，カキもローマ時代

に美食の対象として賞味されていた．第5代ローマ皇帝ネロの幼少期の家庭教師でもあった，哲学者のルキウス・アンナエウス・セネカはカキを，体によく，食欲を刺激し，消化を助け，幸福感をもたらす食べ物と称賛している．このように古代からヨーロッパの食文化におけるカキの存在は大きい．カキについてもう少し触れると，「カキは海のミルク」と古くからいわれるように，滋養に富んでいる食物として受け入れられている．たとえば，フランスでは，昔ロシア遠征で疲労憔悴した兵士が帰国後にカキを食べることで回復できたことや，外科手術後の化膿対策や高熱のあとの消化のよい食事としてカキが効果的であるなどの逸話が残されている．カキは繁殖期以外の時期に，グリコーゲンを多量に合成・蓄積する特性があり，亜鉛を比較的多く蓄積していることにも関係しているのかもしれない．フランス西部の大西洋岸は，ブルターニュをはじめマレンヌ・オレロン地方などのカキ養殖の中心であり，カキを通してフランスの食文化に大きな影響を与えている．フランスでは，カキは片側の殻を除いた殻つきのまま（ハーフシェル）生で食べることが当たり前といっても過言ではない．ここでは，ヨーロッパヒラガキや日本から1970年代に輸入された稚貝の子孫のマガキが養殖されている．とくに，興味深いことには，マレンヌ・オレロン地方では，塩田の跡を掘ってつくった海水と淡水を混合させたクレールとよばれる飼育池に，自然に珪藻を増殖させ，そこにカキを畜養することで味をよくし，同時に鰓や外套膜縁辺が緑色を呈する「みどりガキ」を生産している．味と視覚で食への好奇心を刺激するフランスならではの食文化である．ひるがえって日本では，食品衛生に関する厳しい検査体制のもとに，日本全体のマガキ生産量の半分を占める広島をはじめ多くは調理・加工用が中心で，宮城が生食用を中心に生産している．カキは，食品衛生面で食中毒細菌の混入のリスクが高まるとともに，産卵期を控え体内のグリコーゲンの蓄積量が乏しくなる，海水温が上昇するRのつかない月，すなわち5月から8月にかけては食べないものとされてきた．最近は，各地でマガキのブランド化が進み，四季を通して出荷されるものや，殻つきで生のまま食する機会が増えてきてはいる．

　ホタテガイ類は，世界で約270種いるともいわれ，漁業生産対象として重要な貝類であるとともに，文化に深く根ざしたシンボルとしての長い歴史がある．1400年代にサンドロ・ボッティチェリによって描かれた「ヴィーナスの誕生」の女神ヴィーナス（アフロディーテ）の足下にあるのがホタテガイ（おそらく正確にはヨーロッパホタテガイ）である．女神ヴィーナスが海から誕生したことを

描いた作品だが，ヨーロッパでは古来，ホタテガイが再生のシンボルとされていた歴史がある．南フランスからスペイン大西洋岸の北西端に位置するガリシア州サンティアゴ・デ・コンポステラにある大聖堂への巡礼には，今日まで1000年以上のホタテガイとの歴史的な関係がある．キリストの十二使徒のひとり聖ヤコブが，サンティアゴ・デ・コンポステラに遺体となって漂着して，祀られていることから巡礼がはじまったとされる．聖ヤコブはスペイン語でサン・ティアゴ，英語でセント・ジェームズ，フランス語でサン・ジャックのことであり，フランス語のホタテガイはサン・ジャック貝（コキーユ・サン・ジャック），つまり聖ヤコブ貝である．諸説はあるがホタテガイは，巡礼者のシンボルとして，杖や荷物などにぶら下げながら持ち歩かれ，巡礼路のいたるところにシンボルとしてみることができる．日本ではヨーロッパのような宗教的なシンボルとしての扱いはされてはいないが，江戸時代には，ホタテガイは乾しアワビや煎りナマコなどとともに，俵物として中国貿易の輸出海産物として重要な財源とされていた歴史があった．

このように，身近に存在したカキやホタテガイは，世界各地で食料，食文化，シンボルとしての長い歴史をもち，今日に至るまでその産業と文化としての重要性と価値は変わらない．

〔尾定　誠〕

## 文　献

野村　正 監修（1994）．カキ・ホタテガイ・アワビ　生産技術と関連研究領域，恒星社厚生閣．
スケールズ，ヘレン（林裕美子 訳，2016）．貝と文明，築地書館．
内田　亨（1972）．動物分類名辞典，中山書店．
山本紀久雄（2003）．フランスを救った日本の牡蠣，小学館スクウェア．

# 3
## カキ・ホタテガイの生理・生態

## 3.1 カ キ 類

### 3.1.1 カキ類の分類

　カキ類は，軟体動物門（Mollusca），二枚貝綱（Bivalvia），翼形亜綱（Pteriomorphia），カキ目（Ostreoida），カキ亜目（Ostreina），カキ上科（Ostreoidea）に属する動物である（稲葉ほか，2004）．カキ上科は，さらにベッコウガキ科（Pycbodonteidae）とイタボガキ科（Ostreidae）の2つの科に分類される．ベッコウガキ科に属する種も「…ガキ」という名称でよばれるが，本章ではイタボガキ科に属する種のみをカキ類として扱うこととする．イタボガキ科は，さらにマガキ亜科（Crassostreinae），イタボガキ亜科（Ostreinae），そしてトサカガキ亜科（Lophinae）の3つに分けられるが，マガキ亜科およびイタボガキ亜科に属する種をイタボガキ科カキ類とよぶことにする．イタボガキ科カキ類の現生種は，6属60種程度に分類され，世界中の沿岸域に広く分布する（稲葉，2003）．日本にはこのうち6属17種が分布するとされる（Torigoe, 1981）．これら6属のカキ類のうち，水産重要種を数多く含むのはマガキ亜科のマガキ属（*Crassostrea*），オハグロガキ属（*Saccostrea*），そしてイタボガキ亜科のイタボガキ属（*Ostrea*）の3つである．そこで，本章ではこれらの3属に含まれる種を対象として，カキ類の分類を整理する．なお，カキ類の学名（属名および種小名）については，標準和名とともに，基本的に稲葉（2003）および稲葉ほか（2004）に準拠した．

#### a. カキ類の分類形質：形態学的形質

　一般的に二枚貝類の分類では，成貝の殻（成殻）の形態を第一の分類形質としている．しかし，カキ類ではその成育環境によって殻は著しく変形するため，種を特定することは難しい．そこで，成殻の外部および内部の形態や構造のみならず，幼生殻の特質，そして動物体（いわゆる軟体部）の各器官の解剖学的特質を

加えて形態学的分類が行われている．さらに，初期発生や生態などの特質を加味した分類もある．

　日本産カキ類の現生種について統合的な分類・整理を行った Torigoe（1981）は，殻の層状構造，殻頂縁辺部に存在する縁刻歯とよばれる交歯（交板）の形状および数，そして殻内面の筋痕の形などの古典的な形態学的分類形質に加え，筋上腔とよばれる外套膜内腔の部分構造の有無，鰓糸数，腸管の走行型，そして1心室2心房であるカキ類における心房の左右合着状態など，軟体部の詳細な解剖学的形質もあわせて分類を行っている．その結果，前述のとおり，日本産のカキ類を6属17種としている．これら17種の中で，マガキ属，オハグロガキ属，そしてイタボガキ属の重要3属に分類されたのは11種である．これは，日本のカキに関する1つの基準となる重要な知見である．しかし，冒頭にも触れたように形態学的な形質は成育環境による変化が一様ではなく，かつ大きいため，分類の混乱をしばしば引き起こす例が世界のカキ類でみられている．したがって，こうした混乱要素をより少なくするためには形態とは異なる形質に基づく分類が必要となる．

**b. カキ類の分類形質：分子生物学的形質**

　近年の動物学において，とくに1990年代後半から，分子系統分類，すなわち DNA，RNA などを指標とした分子生物学的手法に基づく分類の信頼性が高いことが示され，盛んに行われるようになってきた．カキ類の系統分類でも取り入れられてきている．さまざまな分子指標が考えられているが，とくに細胞内のコピー数が多く，解析の容易なミトコンドリア DNA の遺伝子がマーカーとして開発され，カキ類の分類でもおもに用いられている．世界的にみると，ミトコンドリア16S リボソーム RNA 遺伝子をもとに同属内のカキについて種分類を検討した例は多い．たとえば日本産のカキ類では，九州の有明海に分布するマガキ属について同遺伝子を適用した例が知られる（Hedgecock *et al.*, 1999）．これについてはあとの章で詳述する．ほかによく用いられるミトコンドリア DNA の遺伝子としては，シトクロム *c* 酸化酵素サブユニット1（mitochondrial cytochrome oxidase subunit 1：CO1）遺伝子があげられる．

　現在，多数のマイクロサテライトマーカーの開発が進められていることに加えて，最近では迅速性と簡便性にすぐれた PCR-RFLP（Restriction Fragment Length Polymorphism：制限酵素断片長多型）の適用も検討されている．一例をあげると，飯塚ほか（2008）は九州沿岸に分布するイタボガキ属，マガキ属およ

びオハグロガキ属の9種について，ミトコンドリアDNAの16SリボソームRNA遺伝子の部分領域を指標としたPCR-RFLPを行い，3属間の属分類，マガキ属4種の種分類，そしてオハグロガキ属2種の種分類が可能となる特異的な制限酵素認識部位を見出している．これらのDNA解析に基づくいずれの研究においても，形態学的形質をもとに分類された属レベルについては分類変更を迫るものではないが，同属内の種分類については部分的な見直しを含め大いに機能している．たとえば，2000年代初頭の中国ではマガキ属だけで35種以上というきわめて多くが記載され，大きな混乱がみられた．近年では，DNA解析を用いた精度の高い研究に基づく再検討が行われ，新種として記載された *Crassostrea dianbaiensis* と *C. zhanjiangensis* の2種を含めても10種以下に再編されて落ち着きをみせている．

2012年，カキ類でははじめて，マガキ（*C. gigas*）の全ゲノムが解読された．最近，同じマガキ属のホンコンガキ（*C. hongkongensis*）でもゲノムの解読がほぼ終了するなど，カキ類でもゲノム研究が活発化している．また，その他の種についてもミトコンドリアDNAの塩基配列情報がGenBankのような国際データベースへ集積されていることから，DNA解析に基づく系統分類はさらに精度を上げると考えられる．すなわち，従来からの長所である迅速性，簡便性に加えて高精度な解析方法として今後はさらに多く用いられることが予想される．

**c. 水産上重要な3属の形態学的分類の特徴**

前述したように，世界的に養殖・生産されているカキ類は，マガキ属，オハグロガキ属，そしてイタボガキ属の3属に限定されるといってよい．そこで本項目では，これらの属についておもに形態学的な分類形質を稲葉ほか（2004）などを参考に詳述する．

(1) マガキ属

小型種から大型種までを含む．殻形は不同だが，おおむね楕円形もしくは長円形を呈する．ナガガキともよばれるマガキの大型個体は殻高700 mmに達するものもある．左殻は椀状で深く，殻厚は殻頂部から中心部までは厚く周縁部は薄い．周縁部の形状は，葉状褶を生じて大きく波打つ種（例：マガキ）と平滑で波打たない種（例：カリブガキ，*C. rhizophorae*）に分かれる．右殻は小さく左殻にはまり込む形で，平坦あるいは中心部が少しくぼむ種が多い．殻の表面の成長脈には葉状，鱗状，板状の薄片を生じる．イワガキでは成長脈の上に檜皮葺状の薄板を重層する．マガキでは殻表，とくに左殻に放射肋を生じるが，スミノエガキで

は放射肋はみられない．殻頂腔はよく発達する種（マガキ）と発達しない種（スミノエガキ）に分かれる．縁刻歯はないことがマガキ属の大きな特徴である．殻の内面は乳白色で沈殿が厚いが，複数の空室をもつ個体がしばしば認められる．内面の周縁部が光沢のある紫色に着色されている種が多い．筋上腔が発達する．筋痕は腎型あるいは半月型で殻中央よりも後腹縁寄りに位置し，左右の殻ともに明確である．腸管の走行状態は，内臓垂で反転し胃の下側を通るループ状を呈する．左右の心房はほとんど合着していない．雌雄異体が基本だが，しばしば性転換個体が認められる．放卵性で非保育型である．成熟幼生殻は横長形で殻長＞殻高が基本である．マガキ属は，日本を北限とするアジア沿岸域（マガキ，シカメガキ，ミナミマガキなど）と南北アメリカ大陸沿岸域（バージニアガキ，ブラジルガキ，コロンビアガキなど）に分布する．

(2) オハグロガキ属

小型種から大型種までを含む．殻の形状はマガキ属に似るが，密生することにより左殻が筒状になりやすい．ほとんどの種において殻表面に15前後の放射肋を生じる．マガキ属とは異なり，すべての種で殻周縁部に鱗状，板状の成長褶を形成し，中には管状の突起をもつ種もある．右殻には縁刻歯が発達する．これもマガキ属とは異なる特徴である．殻は密度が高く堅固であり，空室を生じない．放卵性で非保育型である．成熟幼生殻はマガキ属と比較して縦長形であり，殻長＜殻高が基本である．オハグロガキ属は，ほぼ世界中に分布域をもつ．日本には，クロヘリガキ（$S.\ echinata$），オハグロガキ（$S.\ mordax$），ケガキ（$S.\ kegaki$），ニュージーランドガキ（$S.\ circumsuta$），そしてヒヅメガキ（$S.\ malabonensis$）の5種が分布する．日本には水産上の重要種はいないが，シドニーガキ（$S.\ glomerata$）などはオーストラリアの重要な食用ガキとなっている．

(3) イタボガキ属

殻形は一定しないが，多くの種は亜円形もしくは扇形を呈し，扁平である．殻頂の左右に耳状突起を生じる種が多い．左殻は膨らむものの椀状にまではならず，右殻は平らで中央部がやや膨らむ．右殻には板状の成長薄片が多くできる．殻頂腔は発達しない．殻の内面には多くの空室を生じ，白沈殿で埋められる．右殻には縁刻歯が顕著である．左右の心房は広く合着する．筋上腔は発達しない．雌雄同体が基本であり，幼生保育型，すなわち外套腔内に他個体の精子を引き込んで自己の卵と体外受精したあとも殻外に放出せず保育する特徴がある．日本には，コケゴロモ（$O.\ circumpicta$），イタボガキ（$O.\ denselamellosa$），クロヒメガキ（$O.$

*futamiensis*) の 3 種が分布する．このうち，コケゴロモはかつて四国の瀬戸内海沿岸で養殖されたが，現在は行われていない．世界的にみると，イタボガキ属は水産重要種が多く，とりわけヨーロッパヒラガキ（*O. edulis*：ヨーロッパ各地），オリンピアガキ（*O. lurida*：北アメリカ太平洋岸），チリガキ（*O. chilensis*：チリおよびニュージーランド）はよく知られている．表 3.1 に 3 属の特徴を整理した．

**d. DNA 解析に基づくマガキ属の系統解析 1：日本におけるシカメガキの存在**

Torigoe（1981）は，日本に分布するマガキ属を 3 種記載している．それは，マガキ（*C. gigas*），スミノエガキ（*C. ariakensis*），そしてイワガキ（*C. nippona*）である．この中には，古くから九州の有明海および八代海（不知火海）に生息するとされていた，いわゆる"シカメ"が記載されていない．その理由は当該論文中に記述されてはいないが，Torigoe（1981）の報告以前の段階において，"シカメ"は独立種（別種）であるか，あるいはマガキの同種異名であるかということが，研究によって大きく分かれていて不明確であったためだと推測される．Torigoe（1981）の報告以降，アイソザイム分析およびミトコンドリア DNA 分析によってマガキと"シカメ"との間に差異が認められること，また"シカメ"♀×マガキ♂の交配は成り立つが，逆交配はできないこと，すなわち一方向性生殖隔離が存在することなどから，"シカメ"はマガキと別種である可能性が高まり，*C. sikamea*（標準和名はシカメガキ）と記載されるようになっていた．しかし，これらの確認は，第 2 次世界大戦後に熊本県からアメリカ合衆国に移入され，養殖されている"シカメ"の子孫，アメリカ合衆国で Kumamoto oyster とよばれている個体を用いてなされたものである．本来の分布域である日本国内において"シカメ"あるいは Kumamoto oyster が存在しているのか，種を保持しているのかについては，分子系統学的に確認できていなかった．そこで Hedgecock *et*

表 3.1 マガキ属，オハグロガキ属，イタボガキ属の形態などの特徴

| 属名 | 殻の形状 | 縁刻歯 | 殻頂腔 | 筋上腔 | 心房の合着 | 成長薄片 | 雌雄性 | 保育性 |
|---|---|---|---|---|---|---|---|---|
| マガキ *Crassostrea* | 長円形／楕円形 | 発達しない | 発達する種としない種がある | 発達する | ほとんど合着しない | 発達 | 異体 | 放卵性，非保育型 |
| オハグロガキ *Saccostrea* | 長円形／楕円形 | 顕著に発達 | 発達する | 発達する | 半分程度合着 | 顕著に発達 | 異体 | 放卵性，非保育型 |
| イタボガキ *Ostrea* | 亜円形／扇形 | 発達 | 発達しない | 発達しない | 広く合着 | 発達 | 同体 | 保育型 |

al.（1999）は，有明海の同所，もしくは近所で採集したマガキ，スミノエガキ，そして"シカメ"と考えられる個体を試料として，ミトコンドリアDNAの16SリボソームRNA遺伝子を比較した．その結果，有明海の14ヶ所から採集したカキのうち，7ヶ所の試料の中にKumamoto oyster（"シカメ"）の特徴を示す個体を見出した．すなわち，シカメガキはたしかに日本に分布していることが示された．現在では，シカメガキは天然分布域である有明海と不知火海で生存していることが明らかとなっている（アメリカ合衆国に輸出されたカキはもともと不知火海のものである）．これにより，日本に分布するマガキ属のカキは4種となった．

### e. DNA解析に基づくマガキ属の系統解析2：マガキとポルトガルガキは同一種か？

前述のシカメガキ以上にマガキとの関係が問題視される種がある．それはポルトガルガキ（*C. angulata*）である．マガキとポルトガルガキの分類学的位置は，長い間論争の的となってきた．それは，同一種か否かということである．形態学的観察では，幼生殻の形態がほとんど同じで区別がつかないこと，成貝殻の類似性もきわめて高いことから同一種であるとする見解が多かった．また，生理学的知見として，両種間の交配は容易であり，F1は正常に発生して成長も十分なことや正常な生殖細胞をつくることなどが確かめられている．さらに，核型分析からも，ほかのマガキ属の種と比較して両種間の類似性の高さは際立っているとされる．これらの知見を受けて稲葉ほか（2004）は，ポルトガルガキはマガキの同種異名であるとして，種としての記載をしていない．

それでは，近年盛んになっている分子系統学的な解析に基づく知見ではどうか．結論からいうと，見解は分かれている．すなわち，両者が別種であることを支持するもの，同一種であることを支持するものの両方がある．本項目では，ミトコンドリアDNAのシトクロム*c*酸化酵素サブユニット1（CO1）遺伝子の部分配列およびマイクロサテライトマーカーを用いて系統解析を行ったポルトガルとフランスの研究グループの成果を中心にマガキとポルトガルガキとの種間関係を整理したい．

Batista *et al.*（2006）では，両種間において対象としたCO1遺伝子の部分配列に平均2.3％の差異があることを見出した．さらに同グループが行ったマイクロサテライトマーカーを用いた解析では，マガキとポルトガルガキとの間に低いけれども有意な遺伝的差異を見出している．つぎに，世界各地から集めた養殖マガキ試料とポルトガル国内で採集した養殖および天然のポルトガルガキ試料を用い

## 3.1 カキ類

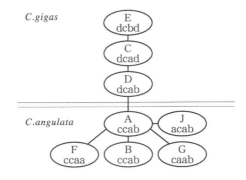

**図3.1** ミトコンドリア DNA のシトクロム $c$ 酸化酵素サブユニット1（CO1）遺伝子のフラグメント配列の PCR-RFLP より得られたマガキ集団（E, C, D）とポルトガルガキ集団（A, J, F, G, B）のハプロタイプ（Batista *et al*., 2006）. かき研究所ニュース, No. 18 から許可を得て転載.

て，CO1 断片の PCR-RFLP ハプロタイプに基づく遺伝的変異を検討した結果，変異のレベルがマガキのほうが低く高度な多型も観察されなかった（図3.1）．これらの結果を総合して，同研究グループは，マガキとポルトガルガキとは非常に密接な関係を有しているものの，同一種とは考えられず，したがってポルトガルガキはマガキの同種異名ではないと結論している．事実，世界的な海洋動物種の登録データベースである WoRMS（World Register of Marine Species；http://www.marinespecies.org/）においてもマガキとポルトガルガキはそれぞれ種登録されている（2017年末現在）．

　最後に，ポルトガルガキの起源について述べる．ポルトガルガキはヨーロッパにおける主要な養殖種として長い間カキ産業を支えてきたことはよく知られている．標準和名にも"ポルトガル"がついていることから，ヨーロッパ起源，ポルトガル起源と思われがちだが，それは正しいのだろうか．ヨーロッパ起源説はマガキとポルトガルガキとが同一種だとみなされていた時代からあった．仮に両者が同一種としても主たる分布域であるヨーロッパと東アジアには大きな地理的隔離が存在する．これを説明するものとして，日本や台湾には16世紀に南蛮船によってポルトガルからもたらされたとの説もあった．しかし，日本では先史時代の貝塚から夥しいマガキ殻が出土していることと矛盾する．ポルトガルにはポルトガルガキに関する古い時代の記録がないため，逆の移入，つまり日本からポル

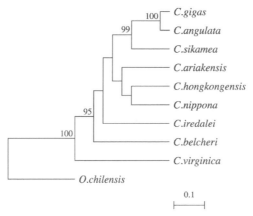

**図 3.2** マガキ属カキ類の系統樹（Batista *et al.*, 2006）Kimura two-parameter distance 法（1000 ブートストラップ）を用いた CO1 フラグメント配列の近隣結合分析に基づいて作成した．*Ostrea chilensis* は外集団として用いた．かき研究所ニュース，No. 18 から許可を得て転載．

トガルへもたらされたと考えることはできる（アジア起源説）．

　前述の通り，現在の見解ではマガキとポルトガルガキは別種となった．そして日本にはポルトガルガキは分布しないが，台湾や中国南部には大きな天然個体群が存在する．系統解析の結果，ポルトガルガキはマガキとともにアジアのマガキ属の完系統の中に位置づけられた（図 3.2）．すなわち，ポルトガルガキはアジア起源であり，アジアからポルトガルへもたらされたと考えるほうが現時点では自然だといえる．

**f.　DNA 解析に基づくマガキ属の系統解析 3：日本における新たな種の移入と定着の可能性**

　WoRMS によれば，2017 年末時点でマガキ属は 22 種が登録されている．これらの種のうち，本来，日本に分布するのはマガキ，スミノエガキ，イワガキ，そしてシカメガキの 4 種であることは前述した．しかし，隣国である中国には 10 種近くのマガキ属カキ類が分布し，それらの中には日本の環境に適していると思われる種もある．台湾にはポルトガルガキの大きな自然個体群が存在するとともに，最近は養殖も盛んである．また，フィリピン，マレーシア，ベトナムなどの東南アジア諸国では，在来種であるミナミマガキ（*C. bilineata* (*iredalei*)）あるいは *C. belcheri* が養殖され，分布や移入地を広げている事実がある．日本と

これらの東南アジア諸国とは黒潮を介してつながっていることから，新たな種がほかの地域から分散してきて移入する可能性は十分にあると考えられる．最近，このことに関連する研究報告がいくつかなされている．

Sekino et al. (2015) は，愛媛県南西部の御荘湾で採集したカキ試料を対象として，ミトコンドリア DNA のシトクロム $c$ 酸化酵素サブユニット 1 (CO1) 遺伝子の部分配列を用いて系統解析を行った．あわせて殻標本の形態観察も行っている．その結果，多数の C. dianbaiensis 個体を発見・同定した．そこで，彼らは C. dianbaiensis に対し，スミゾメガキという和名を与えている．スミゾメガキは，中国南部の広東省および海南島の一部の海域に分布することが知られ，ミナミマガキとの近縁性が確認されている熱帯性あるいは亜熱帯性の種である．この研究で見出されたスミゾメガキ個体は，原産地からの偶発的あるいは散発的な幼生の分散と定着によりもたらされたものであるかについて，著者らは論文の中で，短期的な採集で 100 を超える個体が見つかっていること，御荘湾だけでなく高知県の宿毛湾など近隣の何ヶ所かでスミゾメガキが採集されていることなどをあげて，本種はすでに四国南西岸に定着している可能性を指摘している．その後，和歌山県紀伊半島南西岸の日置川河口域の複数箇所においてもスミゾメガキの個体群が見つかっていることから（内野ほか，2016），スミゾメガキは黒潮が接岸する日本の南西部沿岸の一部の地域に定着していると考えられる．さらに，Sekino et al. (2016) は，高知県幡多郡の頭集川河口域においてポルトガルガキの個体群も見出している．ポルトガルガキは沖縄での存在も確認されているので，すでにわが国南方沿岸域に分布を広げていることは十分考えられる．こうした新たな種の分散・定着の理由は明らかではないが，近年の地球温暖化や黒潮の接岸の継続化などの海水温の上昇を招く要因の影響との指摘がある（内野ほか，2016）．スミゾメガキは，いわゆる南方系カキ類の 1 つであるが，天然分布域からみて北方の温帯域に適応しやすい性質をもつのかもしれない．いずれにせよ，2017 年現在で日本に分布するマガキ属のカキは，少なくとも 6 種（マガキ，スミノエガキ，イワガキ，シカメガキ，スミゾメガキ，ポルトガルガキ）であると考えてよい．

カキ類の分類について，水産上の重要種を含む 3 つの属を中心に概説した．「分類は難しい」というのが正直なところである．とくに，カキ類の分類に対し，分子系統学が本格的に導入された 2000 年以降，種の記載が大きく変わり，昔の教

科書とはまったく異なっている．はじめて学ぶ人は，みている本によって内容が大きく異なることに戸惑うかもしれない．分子系統学の結果が100％正しいわけではないが，なるべく新しい本や論文を参照することを推奨する．分子系統学に基づく分類を行った結果，よいことは大いにあった．最大の功績は種数の整理である．本文中では，マガキ属について22種が記載されていると述べたが，数年前は2倍以上の種名がさまざまな論文に出たりしていた．最近の精度の高い研究により，多少の増減はあるかもしれないが，マガキ属の種数は20前後で定着すると思われる．

### 3.1.2 マガキの生理・生態（生活史）

本項では，マガキの生理・生態の特徴について解説する．生理・生態の基本的な特性は，二枚貝に共通したものが多く，マガキを含むカキ類のみに存在するものは少ないが，たとえば海における分布様式や生活様式をみると，マガキはかなり「個性的」な貝であることがわかる．そうした特異性とその他の普遍性をよく考えあわせながら，マガキの体の特徴についてみていきたい．

各論に入る前に，体の方向について整理する．二枚貝の殻の向き（体の方向）は，基本的に決まっている．足があり殻が開くほうが腹縁（腹側，ventral margin），2枚の殻がかみ合わさっているほうが背縁（背側，dorsal margin），軟体部の口があるほうが前縁（anterior margin），肛門があり，水管のある側が後縁（posterior margin）である．マガキを含むカキ類の場合は，図に示すように約45°反時計回りに傾いている（図3.3）．しかし，本項では一般的な二枚貝の体軸方向の定義にしたがって記述する．ちなみに，海外の文献では約45°時計回りに傾けた記載をしている例もみられるので注意してほしい（殻が開くほうを後縁，殻がかみ合わさっているほうを前縁とする．口があるほうが腹縁，肛門があるほうが背縁となる）．

#### a. マガキの生殖過程と初期発生

(1) マガキの生殖過程

カキ類には，雌雄同体型と雌雄異体型があり，マガキは雌雄異体型で，卵生型（oviparous）のカキ群に属している．卵生型とは卵のまま母体から生み出され，孵化するタイプの動物のことである．ちなみに，対となるのは胎生型（viviparous）で，カキ類ではヨーロッパヒラガキなどが相当する．また，マガキは比較的容易に性転換することが知られている．たとえば，1度目の成熟のときは雄であった

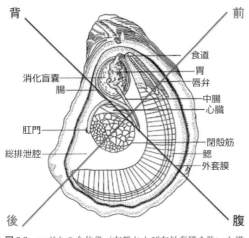

**図 3.3** マガキの全体像（右殻および右外套膜を除いた模式図）と体軸の方向

個体が，翌年の繁殖期には雌に変わっているといった現象である．すなわち，遺伝的な性決定が絶対的なものではなく，餌料の多寡などの環境要因の違いや成長の違いによって転換するようだ．なぜ比較的容易に性転換してしまうのかなど，マガキの性統御はとても興味深いが，研究途上な課題なのでここでは述べない．

マガキは夏季産卵型で，海水温が10℃を上回る春季（4月ごろ）に成熟を開始する．水温の上昇に伴って成熟も進行するが，とくに18℃を超えるあたりから成熟度が大きくなり，一般に，海水温が22～23℃を超えると産卵適期を迎えるとされる．平年の宮城県沿岸を例にとると，松島湾では7月初旬から，石巻湾では8月上旬である．マガキの生殖巣は体表と消化器官との間の結合組織に発達する．完全に成熟した卵は直径50 μmに達する（図3.4）．マガキの生殖巣は，ホタテガイのように構造的にほかの内臓諸器官から独立しておらず，卵や精子が結合組織全体に広がっている．すなわち，動物体（軟体部）に占める生殖巣の割合は大きいため，体の大きさに比べて抱卵数が多く，500～2000万粒ももっている．先に述べたように，水温が20℃を超えて22～23℃になると，放卵・放精が起こるが，とくに大風（おおかぜ）による海表面の攪拌や水温の急激な上昇などの変化が引き金 (environmental cues) となって大規模な放卵・放精が誘起される．日本の場合，マガキの種苗は天然採苗で確保されるため，こうした大規模な放卵・放精が重要である．

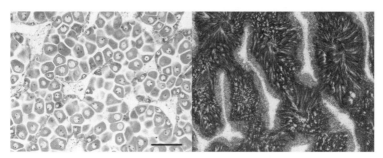

**図 3.4　発達期のマガキ生殖巣**
卵巣（左）では最終成熟はまだ迎えておらず，卵核胞をもった卵が多数観察できる．精巣（右）の濾胞の中心部では精子形成が進んでいる．写真中のバーは 100 μm．

(2) マガキの初期発生

　生み出された卵と精子は水中で受精し，胚形成が開始される．水温 22～23℃の場合，卵は受精後 7～8 時間で孵化し，トロコフォア（Trochophore，担輪子）幼生となり，受精後約 20 時間で初期ヴェリジャー（Veliger，被面子）幼生に発達する（図 3.5：田中，1996）．初期ヴェリジャー幼生は，殻長 75 μm，アルファベットの D に形が似ていることから D 型幼生ともよばれる．特徴としては，名前（Veliger）の由来である面盤（velum）を頭部に備えている．面盤とは，トロコフォア幼生の頭部繊毛環が拡大的に発達したもので，多数の繊毛を有する遊泳器官である．また，D 型幼生の段階から殻（幼殻）を備える．トロコフォア幼生後期に外套膜が分化し，貝殻物質を分泌するようになる．殻は背面で左右 2 枚に分かれて軟体部を覆う．また，腸管が貫通して餌を摂取するようになるのも D 型幼生期である．受精後 4 日程度で，幼生は殻長 100 μm 以上に成長する．殻も成長に伴って大きくなるが，その最初の部分を殻頂（umbo）といい，通常，背側中央やや前よりに位置して前を向く．そこからさらに 10 日ほど経たところで，幼生は殻長 280～300 μm に成長し，足が分化する．また，体の中心部に黒色眼点が出現し，外套膜周縁部が赤褐色になる．これが変態期（Pediveliger）幼生（成熟幼生）である（図 3.6）．変態期幼生は岩壁などの付着に適した基質を求めて匍匐するようになり，出現から 1～2 日で着底する．変態期幼生は着底後に直ちに変態して付着稚貝（Spat）となる（図 3.7）．マガキを含むカキ類のような固着性の種類だけでなく，すべての二枚貝は変態期に一度は着底しないと稚貝になることはできない．その後は，それぞれの種に特徴的な生活様式となる．マガキを含

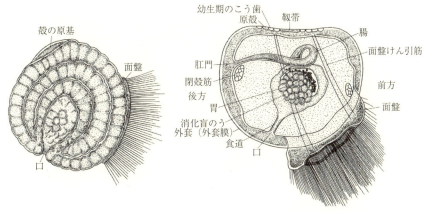

**図 3.5** マガキの初期発生 (1)（田中, 1996）
トロコフォア（担輪子）幼生（左）と初期ヴェリジャー（D型）幼生（右）．

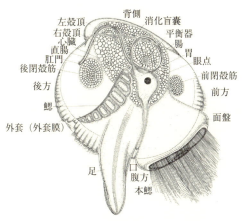

**図 3.6** マガキの初期発生 (2)（田中, 1996）
右殻側からみた変態期幼生．面盤のほかに足が形成され，基底を匍匐する．軟体部の中央に黒色眼点がみえる．

むカキ類の生活様式については次の項目で詳述する．

**b. マガキの生態：1つの場所から生涯動かない，固着という生活様式**

(1) 二枚貝類の生活様式

いったん着底して稚貝になったあと，二枚貝の生活様式は大きく2つに分けることができる．1つは内生二枚貝（infaunal bivalves）で，ハマグリやアサリのように砂や泥などの底質に潜って生活するグループである．もう1つが底質の表面

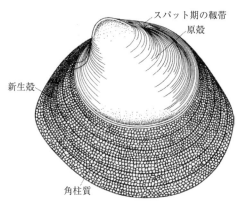

**図 3.7** マガキの初期発生 (3)(田中, 1996)
付着初期の稚貝 (spat). 原殻(幼殻)とそれに続いて形成された新生殻(後生殻)がはっきり区分されている.

に生息する表生二枚貝 (epifaunal bivalves) であり, 先にあげた潜砂性を示す内生二枚貝以外の種が属するグループである (山口, 1996). 表生二枚貝の生活様式は多様である. たとえば, ホタテガイのように, 底面の砂上に横たわって生活する種類は, ヒトデなどの害敵に襲われたとき, 水中を飛ぶように遊泳して忌避する. この類は遊泳型とか自由生活型とかよばれる. これに対し, 岩など基盤の表面, あるいはほかの生物の表面に付着(attachment)もしくは固着(cementation)して生活する種類がある. 付着と固着には, 体を固定する方法として大きな違いがある. 付着は, 足糸 (byssus) とよばれる強度をもった有機質の糸を分泌して基盤やほかの生物の表面と結びつく様式であり, 固着は, セメント物質などを介して殻のような硬組織を基盤に直接固定する様式である. 固着の場合, 一度固定されるとその場所を生涯離れることはできない. 付着性二枚貝の代表としてはイガイ類が, 固着性二枚貝の代表としては, カキ類があげられる.

(2) マガキ幼生の固着行動

前述のように, マガキの変態期幼生には黒色眼点と足が生じる. 固着生活をするマガキが足をもつのはこのときだけである. 変態期幼生は, 基盤の上を匍匐して固着に適した場所を探す. 場所が定まったら, 幼生は幼殻の左殻を下に向けて横になり, 足を折り曲げるようにして左殻と基盤の間に差し込む. 続いて, 足から接着するための有機物質を分泌し, 左殻の外面に塗りつける. この物質はイガイなどの足糸を形成するのと同様のものだと考えられているが, それを糸状にせ

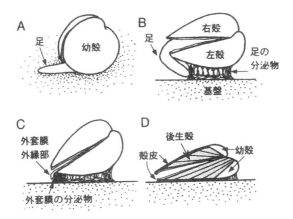

**図 3.8** マガキ固着行動の推移（山口, 1996 を改変）
(A) 変態期幼生, 基盤の上を匍匐しながら固着場所を探す. (B) 場所が決まったら足から接着物質を分泌し, 左殻と基盤との間に塗りつける. (C) 変態が完了して足が退行する. 外套膜縁辺部から固着物質を分泌する. (D) 形成された後生殻を押しつけて固着が完了する.

ず足を刷毛のように使って塗るのである．これによって幼殻が基盤に固定され，まもなく変態が完了して足は退行する．その後は，いわゆる大人の殻である後生殻の形成とその固着がはじまる．まず，幼殻の縁辺に外套膜から分泌する物質を塗り，殻の縁辺部と基盤を密着させる．続いて，外套膜が殻皮とよばれる殻の最外層の膜を形成し，その内側で殻の結晶を基盤に押しつけながら形成する（図 3.8）．こうして幼殻に続いて後生殻の固着部分ができる．後生殻は全部が固着するのではない．生息場所となる基盤の形や個体群密度などに応じて，ほんの一部だけが固着するもの，広い面積で固着するものなどさまざまである．たとえば，ホタテガイ殻の原盤に付着した養殖用のマガキは，殻の一部を固着させるだけであとから形成される殻は水中に突き出すように伸びていることが多い．

(3) 固着によるマガキの生存戦略

固着という生活様式を選択したカキ類は，当然のことながら害敵生物が襲ってきてもその場を逃れることはできない．また，環境が大きく変動してもその場から離れることはできない．生存していく上で不利なように思われるが，カキ類は中生代の三畳紀末に祖先型の動物が出現して以来，基本的な体構造を変えずに生き続けている．すなわち，2 億年以上にわたって繁栄していることになる．また，マガキにつながる祖先ガキは，ジュラ紀に出現した底泥に棲むものだったといわ

れる．マガキとその仲間は，泥に埋もれないようにさまざまな戦略をとったと考えられる．たとえば固着面を小さくして縦方向に伸び，さらに子孫を同様の形で自分の殻に固着させることを繰り返す．結果として，カキ礁（oyster reef）やカキ床（oyster bed）が形成される．この場合，下になった個体は泥に埋もれやすく死んでいくだろうが，個体群としては生存することができる．また，同様に個々のカキが固着面を小さくして細長く上へ上へと伸び，カキが起立したようになる例もある．泥に埋もれず，かつ高密度の個体群として生き残る工夫である．この事例は，かつて北海道の厚岸湖に存在した通称"ナガガキ"の集団に見られる．厚岸湖は寒冷のため，産卵に適さない年が多く，蓄えたエネルギーを貝殻形成にまわすことができたことも殻高 50 cm を超えるような長いカキを生み出した要因である．これらのことのように，カキ類は環境に応じて比較的簡単に殻の形を変えることができる．言い換えれば，環境に対する適応性の高さが，カキの形態によく現れている．このことに加えて，マガキの場合，固着する場所として潮間帯を選択したことが生存性を高めることに寄与したと考えられる．1 日のうちで少なくとも数時間の低潮時には干出するが，カキ類は殻が隙間なく閉じるタイプの貝であるから乾燥に強い．また，カキの殻は薄板を数多く積み重ねた構造のため空洞を生じやすく暑さにも強い．結果として，害敵や付着生物から身を守りやすくなったと考えられる．

### c. マガキの殻形成

(1) カキ類を含む二枚貝類の殻形成

前述のように，二枚貝類は体の左右に殻を有する唯一の動物群であり，その貝殻形成は特徴的である．殻は成長に伴って大きくなるが，その最初の部分を殻頂（umbo）といい，通常，背側中央やや前よりに位置し，前を向く．2 枚の殻はハマグリやアサリのように左右等殻を基本とするものの，例外も多い．たとえば，イタヤガイの仲間は右殻が膨らみ，左殻は平らで左右不等殻になっている．カキ類の殻は不定形で生息場所の形に規定されるが，必ず左殻で基盤に固着し，右殻は左殻に比べて小さく平らである．

合殻の際は，左右の殻は完全に閉じるのが基本である．しかし，ミルクイやオオノガイなどは，長く大きい水管のために後縁が開く．その他の貝では，足糸の出る開口部をもつために完全に閉じない種もある．2 枚の殻は靱帯で結ばれ，さらに殻頂の前後背縁には蝶番のコウ板（hinge plate）があって，種々の形式のこう歯（hinge teeth）で左右の殻がかみ合っている．

## (2) 貝殻成分の分泌と殻皮の形成

貝殻は基本的に2つの方向に成長する．1つは，殻の腹側縁辺部で起こる成長であり，もう1つは，殻の内面で起こる成長である．前者は外側に向けて殻を大きくするもの，後者は殻を厚くするものである．

貝殻を構成する成分は，外套膜から分泌される．殻が新たに成長する部分は，外套膜の縁辺の厚くなった部分にある貝殻褶（貝殻突起ともいう，shell fold）から結晶のもととなる貝殻物質が分泌されることによる．つまり，殻は外へ外へと成長するのである．一方，殻を厚くする成分は，内臓塊を覆う外套膜上皮細胞から分泌される．殻の結晶は，外套膜の内部で生産されて外へ運ばれるのではない．外套膜と殻の狭い隙間を満たす液体の化学反応を通して形成されている．この液体は，殻体に面して並ぶ外面上皮細胞の分泌機能によって放出されたもので，外套膜外液（extrapallial fluid）とよばれる．外套膜外液で満たされる外套膜外側と殻内側との狭い隙間は，外套膜外腔という．貝は，外套膜外液の中に殻の成分となる物質をつねに分泌しているが，この成分は海水から直接得るものではなく，貝自身が生産した生体鉱物（バイオミネラル）というもので，主体は炭酸カルシウム（$CaCO_3$）とコンキオリンとよばれるタンパク質との複合体である．この炭酸カルシウムが結晶化して殻は形成される．

貝殻のもっとも外側には，殻表面を覆う殻皮（periostracum）という有機質（キチン）の膜が存在する．殻が新たに成長する場合には，殻皮の内側に炭酸カルシウムが沈着して，新しい結晶ができる．すなわち，殻皮は貝殻の形成の基質として機能する必須の存在である．また，殻皮は殻を化学的な溶解から保護する機能ももつ．しかし，殻皮は外套膜の縁辺部のみで分泌されるため，最初にできた部分（殻頂に近い部分など）では一度はがれると修復できないという難点がある．殻皮がはがれて長期間むき出しになった殻は容易に溶食される．カキ類では，とくに成貝では殻皮はわかりにくくなっているが，たとえば，シジミの仲間は黒くて厚い殻皮をもつことが知られる．殻皮は，腹縁側の新たに成長した部分では黒光りが鮮やかでしっかり残っているが，殻頂に近い部分でははがれてしまい，殻が溶食されている姿がよくみられる．

## (3) 貝殻の結晶構造

貝殻は単一の構造体ではなく，複数の殻層からなっている．すなわち，貝殻とは薄い板を何枚か貼り合わせたような構造体である．さらに，それぞれの殻層は微細な結晶の集合体である．結晶の種類や構造を理解することは，貝殻の性質を

理解するために不可欠である．殻の微細構造は，結晶の形，成長方向，そして配列角度によって決まるといってよい．基本的には，以下に示す5つの構造：①稜柱構造，②球晶状構造，③薄板状構造，④均質構造，⑤交差板構造に分類される．このうち，とくに重要なのは，①稜柱構造と③薄板状構造である．①稜柱構造は，細長い結晶が柱を並べたように平行に連なる構造であり，結晶同士が重なったり，かみ合ったりしない．結晶の大きさや形によって非常に多様な形をとるが，貝殻の微細構造の中核をなす構造と考えてよい．一方，③薄板状構造は，棒状，薄板状，剣先状に発達した結晶が成長面に対して平行に重なり合う構造で，この構造に真珠構造が含まれる．マガキではあまり顕著ではないが，真珠構造を有している．有名なアコヤガイなどではシート状真珠構造が発達する．真珠が美しい光沢（輝き）を示すのは，薄板になった結晶から反射した光が干渉色となって重なり合った結果であり，可視光線の波長（400〜700 nm）を示す厚さの結晶が多数重なることが条件となる．最後に，結晶の種類について述べる．炭酸カルシウムの結晶は多様性に富むが，一般に方解石（calcite），アラレ石（aragonite），ファーテル石（vaterite）の3つの多型が知られる．貝殻を構成するのは前者の2つ，方解石とアラレ石である．貝の種類によって，片方の結晶しか含まないものや両方の結晶をもつものがあるが，基本的に海産二枚貝の稜柱層は方解石で，淡水産の貝類の稜柱層はアラレ石でできていることが多い．マガキの稜柱層も方解石で構成されている．また，真珠層は海産，淡水産を問わずアラレ石の結晶であることが多い．

　ちなみに，前述した稚貝での殻の固着において，固着部とそこから成長した非固着部とでは殻の構造は異なるのであろうか．マガキについての研究結果では，固着部には畦溝構造と名づけられた独特の構造が存在し，固着していないほかの部分とは明らかに異なっている（山口，1996）．すなわち，固着部では方解石の微小結晶が集合して成長方向に連続する畦状になっているのに対し，非固着部ではそうした畦は認められず方解石による大きな稜柱構造が形成されている（図3.9）．この非固着部の稜柱構造は，固着しない右殻の構造と共通したものとなっている．左右の殻の決定的な違いは，幼殻に続いて形成される後生殻の最初の部分の構造である．

#### d. マガキ外套膜の構造

　前述のように，外套膜は殻形成に重要な役割を担うとともに，その他の多様な機能も果たす重要な器官である．マガキの背側から膜状に伸びた左右一対の外套

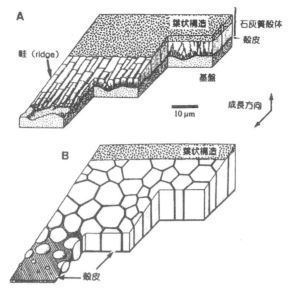

**図 3.9** マガキ殻における固着部（A）と非固着部（B）との構造の違い（山口，1996 を改変）

膜は軟体部を完全に包み，腹側に広い外套腔（mantle cavity，鰓室（gill chamber）ともよばれる）を形成する．外套膜は殻体に面する外面上皮細胞と外套腔に面する内面上皮細胞とによって覆われ，その間を結合組織（connective tissue）が埋め，神経，血管，筋肉が通っている．上皮細胞間および上皮下の結合組織の中には，粘液を分泌する粘液細胞（mucous cell）や好エオシン性の顆粒を含む腺細胞（unicellular glandular cell）が存在する．両細胞の分布密度は，外套膜の部分によって大きく異なり，縁辺部に多い．また，殻体に接した外側の上皮を除いて繊毛上皮細胞（ciliated-epithelial cell）が帯状に分布する．

外套膜の構造は，周辺部から外套膜縁（mantle edge），外套縁膜（mantle pallial），外套膜中心（mantle center），外套峡（mantle isthmus）の4部位に区分できる．外套膜縁部は筋肉性で，その先端は3つの小さな突起状構造（褶(しゅう)という）に分かれる．内側から縁膜褶（内褶ともよばれる，velar fold）があり，これは外套腔への水の流入量を調節するはたらきを有する．つぎは感覚褶（中褶ともよばれる，sensory fold）であり，先端に感覚細胞が存在し，ほかの動物の触角に似た部位である．ホタテガイなどのイタヤガイ科の貝において，眼点とよばれ

る多数のレンズ眼が一列に並ぶのは，この感覚褶である．もっとも外側には前述した貝殻褶（外褶ともよばれる，shell fold）が存在する．殻体に面した外面上皮細胞は細長い円柱細胞で，塩基性色素に濃染される細胞質を有し，殻皮層の下に外殻層を形成する．縁膜部は膜縁部の内側で外套筋（pallial muscle）が殻体に付着した位置，すなわち外套線（pallial line）までの部分をさす．筋肉と分泌細胞に富んでいる．外套膜中心部は外套線に囲まれた部分で，結合組織は少なく筋肉もないので薄い．縁膜部，中心部ともに内面上皮細胞は円柱で，繊毛細胞や粘液細胞が多数分布し，繊毛運動により外套腔に沈殿したさまざまな物質を外套膜先端に運搬し，殻の開閉運動とあいまって殻の外に排除する役割を担う．一方，外面上皮細胞は円柱ないし円筒で，縁膜部では外殻に続く中殻層を，中心部では内殻層をそれぞれ形成する．すなわち，内側から殻を厚くする機能をもっている．外套峡の上皮細胞は靱帯（ligament）を形成する成分を分泌し，殻と軟体部を結びつける．

　整理すると，外套膜は殻と靱帯を形成して内臓塊を覆う．外套膜は細い筋肉で殻に付着しており，その付着部が殻表上に残る跡痕のことを外套線（pallial line）とよぶ．外套膜は左右2葉に分かれているが，しばしば後ろ側で癒合して，入水管（inhalant siphon）と出水管（exhalant siphon）を形成する．水の取り入れられる経路は決まっており，腹側が入水管，背側が出水管である．マガキではこうした管状構造はみられないが，外界の水を引き込む位置，そして外套腔から排出する位置は決まっている．

### e. マガキの摂餌機構：鰓の構造と機能を中心に

(1) 鰓の構造

　マガキの鰓は外套腔内に正中線をはさんで1対，すなわち体の左右に1枚ずつ存在する．マガキの体を一見すると4枚の鰓があるようにみえるが，それは左右それぞれの鰓が鰓軸に沿った折りたたみ構造になっているためである(図3.10)．折りたたまれたものを半鰓（demibranch）とよぶ．つまり，1枚の鰓は2つの半鰓からなるわけである．外套膜に近い外側を外半鰓（outer demibranch），体の中心側を内半鰓（inner demibranch）という．たとえば，体の左側からみると，左の外半鰓，左の内半鰓，右の内半鰓，そして右の外半鰓と配置されている．鰓の両面には鰓葉（ctenidial lamella，複数形 lamellae）とよばれる細かく襞状になった細胞層が発達する．

　二枚貝の鰓は，原鰓型，糸鰓型，弁鰓型，そして隔鰓型の4型に分類される．

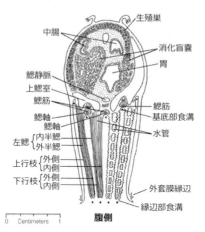

**図 3.10** カキ類軟体部の横断面と鰓の構造の模式図（Newell *et al.*, 1995 を改変）
図はバージニアガキのもの.

鰓が隔膜に変形してろ過機能を喪失している隔鰓型の貝を除き，その他の鰓をもつ貝はろ過食者である．マガキは，形態的に弁鰓型の鰓をもつが，異歯類（ハマグリ，アサリなど）のもつ弁鰓（真弁鰓，eulamellibranch）とは区別され，マガキの鰓は擬弁鰓型（pseudolamellibranch）とよばれるグループに属する．

弁鰓型ではそれぞれの鰓葉は糸状の鰓糸（ctenidial filament）からなる．鰓糸には網目状の隙間があり，鰓の基本組織は鰓葉結合（interlamellar junction）によって連結する．さらに，弁鰓型では鰓葉結合に加えて鰓糸結合（inter filamental junction）によって鰓糸同士が強固に結びつけられ，格子状になる．その間は長い柱状の空間になり水管（water tube）とよばれる．また，鰓糸結合の間には小さな孔（小孔，ostium，複数形 ostia）があり，水流はこの孔を通じて水管に入り込み，背側に上がって出水管へ排出される（図 3.11）．

先にも述べたように，鰓葉は背側で折り返しているので，構成要素である鰓糸も背側で折り返し，上行枝（ascending arm）と下行枝（descending arm）が区別される．繊毛によって捕らえられた粒子は，外半鰓の上行枝の基部の食溝（基底部食溝，basal food tract）と内半鰓の下行枝の末端，すなわち鰓の縁辺にある食溝（縁辺部食溝，marginal food groove）に集められる．

鰓糸には3つの異なる型がある．それぞれの型がその役割に応じた細胞構成を

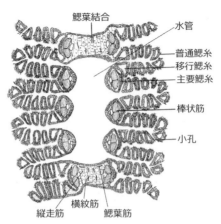

図3.11 カキ類の断面図でみる鰓糸，鰓糸結合および鰓葉結合の様子（Newell *et al*., 1995 を改変）．
図はバージニアガキのもの．

もつとともに，分布する位置も決まっていて，鰓の形が決定される．普通鰓糸（ordinary filament），移行鰓糸（transitional filament），そして主要鰓糸（principal filament）の3つである（図3.11）．鰓糸は，数個から数十個の繊毛円柱上皮細胞が環状に並び，それが背腹軸に対して平行に列をなす構造である．鰓糸の集合はちょうどΩのような形になっており，これをplica（襞のこと）という．鰓をみるとたくさんの横縞がみえるが，これがplicaである．1つのplicaは，8個から10個の普通鰓糸，2個の移行鰓糸，そして1個の主要鰓糸から構成されている（図3.11）．

(2) 鰓で重要な小器官は繊毛である

先に小孔から鰓の中に水が入ると述べたが，水は勝手に流れ込むのではない．殻の中に水が引き込まれるのも，鰓の中を水が通るのも，どちらも繊毛円柱上皮細胞のもつ繊毛の運動に依存している．繊毛は細胞小器官の1つで，カキ類の鰓細胞が有する繊毛（刺毛を含む）には大別して以下に示す4種類があり，それぞれの繊毛が意味をもった独自の運動をすることで，水流を起こしたり，餌粒子を捉えたりしている（図3.12：Newell *et al*., 1995）．

①側繊毛（lateral cilia）： plicaの側面を構成する普通鰓糸に分布する．鰓の外側から内側の方向へ運動し，水を小孔へと引き込む．

②側前刺毛（latero-frontal cirri）： 側前繊毛ともよばれ，側繊毛の少し前方

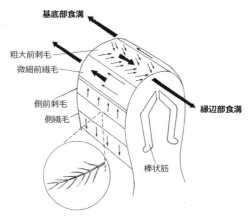

**図3.12** カキ類の鰓糸表面に存在する4種類の繊（刺）毛の運動方向（Newell *et al.*, 1995を改変）図はバージニアガキのもの．

に位置する．側繊毛と反対方向の運動をして水流に乗って入ってきた餌粒子を鰓上にとどめる役割を担う．

③微細前繊毛（fine frontal cilia）： 普通鰓糸の側前繊毛と普通鰓糸の最前部に位置する粗大前繊毛の間に位置する．また，主要鰓糸と移行鰓糸における前方部分の繊毛は，すべて微細前繊毛である．腹側から背側に向かって運動し，鰓の付け根にある基底部食溝へ餌粒子を運ぶ．

④粗大前刺毛（coarse frontal cirri）： 粗大前繊毛ともよばれる．普通鰓糸の前方部，各plicaの頂上部分に存在する．plicaの中央に向かって斜めに，背側から腹側の方向へ運動する．鰓の周縁部にある縁辺部食溝へ餌粒子を運ぶ．

2つの食物導管，縁辺部食溝，基底部食溝はともに繊毛円柱上皮細胞で構成されており，後方から前方へ，すなわち鰓の後端から唇弁に向かって運動して餌粒子を口へと運んでいる．

鰓における餌粒子の選別は，主として餌の大きさと重さによって行われている．鰓では餌粒子表面の成分を感知して分けることはできないとされる．たとえば，砂粒のような重い粒子は，側前刺毛で支えることができないため，鰓表面から滑り落ちて水流で水管へ送られ排除される．残るのは植物プランクトンや微生物フロックなどの有機物懸濁粒子で，これらが好適な餌となる．くり返しになるが，餌粒子は繊毛（刺毛）で捕捉する．繊毛は非常に密に生えているとはいえ，隙間

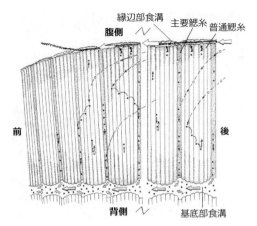

**図 3.13** カキ類の鰓葉表面での餌粒子の捕捉と移動
(Newell *et al.*, 1995 を改変)
図はバージニアガキのもの.

はあるので捕捉できる餌粒子のサイズには適正な範囲がある. それは, 直径 3～15 μm の範囲である. 直径 1～2 μm にも好適な餌はあるが, 小さすぎて捕捉効率が大きく低下するのに対し, 直径 3～15 μm, とくに直径 8 μm 以上の餌粒子はほぼ 100% 捕捉できる.

大きくて重い粒子には, 餌に適さないものも含まれる. 重い粒子を支えて運搬できるのは太くて強い粗大前刺毛だけなので, 大きくて重い粒子は腹側の鰓の周縁部にある縁辺部食溝へ運ばれる (図 3.13). 直径 10 μm 前後の適度な重さの粒子は, 微細前繊毛が存在する普通鰓糸の前側面まで落ちるので背側の基底部食溝へ運ばれる. さらに小さい直径 5 μm 以下の粒子は, Ω 型をした plica の根元にある主要鰓糸まで落ちるため, 主要鰓糸の頂上部に生えている微細前繊毛によって基底部食溝へ運搬される. 基底部食溝を通って唇弁から口へ運ばれる粒子が, 主要な餌となるしくみである.

(3) 繊毛運動の詳細と重要性

繊毛運動は, 本来単細胞動物の遊泳の推進力を生み出す運動である. 多細胞動物では, 繊毛が分布した細胞を並列することにより繊毛運動を食物輸送, 排泄物や生殖細胞の移送, 体液循環などに利用している. その繊毛運動は個々の繊毛軸が打つというよりも並列した繊毛上皮全体につぎつぎと波が伝わっていく感じである. すなわち, 各繊毛がおたがいに協調して打ち, 波を作る. この波を繊毛波

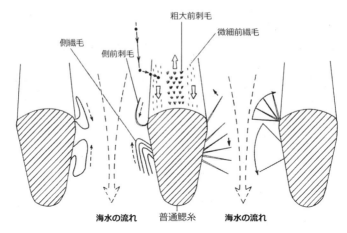

**図 3.14** 側繊毛と側前刺毛の有効打および回復打の動きと方向 (Newell *et al.*, 1995 を改変)
図はバージニアガキのもの.

とよび,これの形成が繊毛運動の能力を高める重要な要素となっている(図 3.14).

　繊毛運動は,推進力を生み出す有効打 (effective stroke) とつぎの有効打を打つための準備としてもとの位置に繊毛を戻す回復打 (recovery stroke) とをくり返す運動である.繊毛は多くの場合,列になって密に生えている.同一種類の繊毛上皮細胞では,有効打の方向 (direction) は変化しない.つまり,並んでいる繊毛は一定の方向に打つことが多い.繊毛の配置を考えると,列は,有効打の方向と平行に並ぶものと直角に並ぶものとに分けられる.したがって,前者では,有効打の方向あるいは回復打の方向に繊毛波が形成され,後者では列の左右どちらかに有効打が打たれる(その逆方向に回復打が打たれる).前者で形成される繊毛波が大きな推進力をもち,粒子や粘性の高いものを運ぶ力となる.すなわち,1 本 1 本では弱い力しか出せない繊毛も,繊毛波をつくることで大きな力を生むのである.通常,有効打を打つときに繊毛が寄り集まった状態になるので,有効打の方が強い力となり,それらが形成する繊毛波の方向へ物は運ばれるのである.

　上でみた鰓の 4 種類の繊毛もしくは刺毛は,それぞれが有効打と平行な方向に生えているので,繊毛波を形成することができる.とくに,側繊毛は隣り合った plica の相対する 2 つの鰓糸の表面に,たがいに向き合う形で近接して生えているので,つくられた繊毛波は強く干渉し,相乗的な推進力を生み出すため,大量

の水を鰓に引き込むことができるのである．

(4) 鰓のその他の細胞と唇弁

繊毛上皮細胞ではないが，餌粒子の取り込みに重要な役割を担う鰓の細胞がある．それは，微細前繊毛帯と粗大前刺毛帯の間に分布する杯状細胞（goblet cell）とよばれる粘液産生細胞である．杯状細胞によって産生された粘液によって餌粒子がトラップされる．これらの餌粒子は粗大前繊毛のはたらきによってmarginal food groove に運ばれる過程で mucus string とよばれるひも状の形になって唇弁（Labial palp）へと運ばれる．マガキの唇弁は，鰓の前方にあり，4枚の三角形状の発達した構造をもつ器官である．唇弁にも lamella に類似した襞状構造があり，鰓と同様に餌として取り込むものを選り分けている．おもにサイズと重さで選別される点は鰓と同様であるが，加えて唇弁は粒子表面の化学成分の違いもある程度識別できるとされる．物質的に餌として適さないもの，あるいは量（密度）が多すぎるなど，取り込むには不適と判断されたものは偽糞（pseudofeces）として殻外に捨てられる．

### f. マガキの消化系

前述のように，マガキは餌料である植物プランクトンなどの懸濁有機物粒子を鰓で捕捉・ろ過し，唇弁における選別を経て口に取り込む．餌料は，短い食道を通り胃に至る．消化器官とは，餌料の入口である口から出口である肛門までをつなぐ管状構造のことと定義され，狭義には胃から腸（いくつかに分かれるが）までが消化器官である．マガキをはじめとするカキ類では，かなり特徴的な器官の構成が認められる．

(1) 胃（stomach）

食道の後端に連なり，広い内腔と分枝した管状部分を有する．脊椎動物の胃とは異なりかなり不規則な形をしている（図 3.15）．前胃室と後胃室に分かれていて，前胃室には胃盲嚢とよばれる場所がある．ここは，餌料を選別するところである．餌料は，おもに大きさの違いによって選別されていると考えられ，小さく軽い餌料は前胃室に連結・開口している消化盲嚢（digestive diverticula；中腸腺（mid-gut gland）とよばれることも多い）へと送られる．一方，大きくて重い餌料は後胃室に送られて消化されたあと，後胃室に開口している中腸（mid-gut あるいは intestine）へ送られる．この後胃での消化機構はとても特殊なものなので後述する．胃の基底膜は，円柱状の繊毛上皮細胞から構成され，これが密に配列している．分泌細胞，腺細胞も存在するが，カキ類をはじめとして二枚貝類では

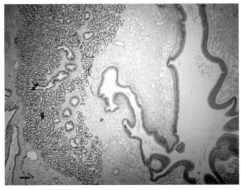

**図 3.15** マガキ胃の横断面
大きな内腔をもち，不規則な形をしている．胃の周囲には結合組織が取り巻き，さらにその外側にみえる多数の小さい楕円形が消化盲嚢の盲嚢細管である．写真中のバーは 200 μm．

これらの細胞の数は少ない．すなわち，胃自身は消化酵素などを分泌する能力は低いと考えられる．

(2) 桿晶体嚢（crystalline style sac）および桿晶体（crystalline style）

それでは，どのようにして胃の中で餌料を消化するのかというと，後胃室の後端に連なる桿晶体嚢（crystalline style sac）で形成される桿晶体（crystalline style）とよばれる，消化酵素がムコ多糖によりゼラチン質の棒状に固められたもののはたらきによる．桿晶体は，30種類以上の消化酵素を含んでおり，胃の前側からみて時計回りに回転しながら前進し，胃の中に至る．前胃室と後胃室の間には，胃盾（gastric shield）とよばれるキチン質の板状構造物がある．桿晶体は，後胃室を進んで胃盾にぶつかりながら，回転運動を続ける．そのときに，後胃室に存在する餌粒子を巻き込んで胃盾にぶつかるため，スリコギのようなはたらきで餌粒子をすり潰す．さらに，胃盾と擦れることにより，桿晶体は先端部分から溶解して，結果的に後胃室は消化酵素で満たされる．すなわち，桿晶体は，物理的作用と酵素化学的作用の両方で，餌粒子を消化する．胃の内腔の pH は，4〜5 に保たれ，酸性に至適 pH をもつ酵素が多い桿晶体が効果的にはたらくように制御されていると考えられる．

桿晶体嚢は，A細胞，B細胞とよばれる2種類の細胞からなる．A細胞は繊毛上皮細胞で，繊毛運動を行うことにより，桿晶体を回転させると考えられている．

一方，B 細胞も長い繊毛を有するが，分泌細胞様であり，この細胞が桿晶体を形成すると考えられる．

(3) 中腸 (mid-gut, あるいは intestine) および直腸 (rectum)

中腸は，後胃室から開口していて桿晶体嚢と平行して体の後側へ向かったあと，急激に屈曲して前側に折り返し，さらに胃をループして直腸へ至る器官である．主として，消化された餌料の吸収と排泄物の輸送を担う．基底膜は円柱状の繊毛上皮細胞と粘液分泌細胞，そして微絨毛 (microvilli) を多数有する刷子縁細胞 (Brush-border cells) から構成され，背側に大きな腸内縦隆起 (typhlosole) を有する．繊毛上皮細胞は後端へ向かうにつれて細胞が小さく繊毛も短くなっている．基底膜の外側は管状に薄い平滑筋の層で覆われているが，横紋筋は存在しないことから，腸管の蠕動運動はなく，排泄物の輸送は繊毛運動によって行われていると考えられる．

直腸は，肛門に近い後端部分に襞状の構造を示すほかは，中腸との構造の違いはみられない．

(4) 消化盲嚢 (digestive diverticula；あるいは中腸腺, mid-gut gland)

胃全体と中腸の一部を取り巻いている大きくて非常に複雑に枝分かれをしている器官である．先端は 2～4 ヶ所で胃に開口しているが，後端はすべて袋状に閉じている．中腸腺 (mid-gut gland) ともよばれるが，中腸とは直接連絡しておらず，分泌腺としてのはたらきは一部の細胞だけであり，おもに餌料を消化して吸収を行う器官だと考えられる．消化盲嚢は，primary duct (主導管)，secondary duct (2 次導管)，tubule (盲嚢細管) の 3 つの部分に分かれていて，構成する細胞も異なる (図 3.16)．

①主導管：　文字通り 1 次導管の役割を担う．胃と連絡する管状部分のこと．中央部の背腹から大きな腸内縦隆起 (typhlosole) がせり出していて，主導管は事実上，上下の 2 本の管に分かれた構造をしている．

②2 次導管：　主導管と盲嚢細管をつなぐ短い管である．

③盲嚢細管：　消化盲嚢の本体．細胞内取り込みの能力が高い消化細胞 (digestive cell) と酵素活性の高い好塩基性細胞 (basophil cell) の 2 種類の細胞クラスターが 4 つずつ交互に存在して構成される．細胞内取り込み・消化・細胞外分泌による未消化物の排除を行う．

(5) 消化盲嚢における餌粒子の消化機構 (Langton *et al.*, 1995)

消化盲嚢における消化のしくみを模式図で示した (図 3.17)．まず，胃から消

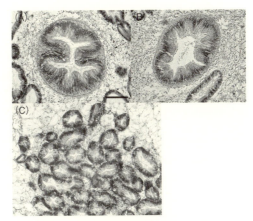

**図 3.16** マガキ消化盲嚢の3つの区分の横断面
(A) 主導管, (B) 2次導管, (C) 盲嚢細管. 写真中のバーは 100 μm.

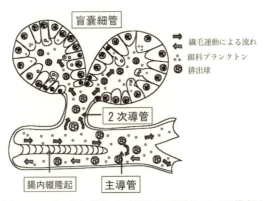

**図 3.17** マガキ消化盲嚢における消化と排泄についての模式図

化盲嚢へ餌粒子が送られる. これらの粒子は, 胃盲嚢で選別されたもっとも軽く小さい粒子群である. 餌粒子は, 胃の中を胃の繊毛細胞が起こした水流に乗って進み, 胃と消化盲嚢との結合部に至る. そこから, 主導管の上側の管状部から消化盲嚢の中に運搬される. この流れを non-ciliated inhalant current とよぶ. すなわち, 主導管の上側には繊毛上皮細胞が分布せず, 自ら流れを起こすことはない. 胃からの緩やかな流れに乗せて粒子を運搬するため, 軽い粒子でないと運ぶことはできないのである. その後, 餌粒子は2次導管を経て本体である盲嚢細管に送

られるが，その過程で一緒に取り込まれた可溶性の成分は導管に分布する刷子縁細胞によって吸収される．

盲嚢細管は消化盲嚢の主体をなす部分で，盲嚢という言葉どおり袋状に閉じた器官である．マガキでは左右あわせて2000以上の細管が存在する．1つ1つの細管は小さいが，全体としてはとても複雑で大きな器官である．盲嚢細管の内腔（lumen）まで運ばれた餌粒子は，2種類のしくみで消化されることになる．1つは，メインのはたらきである消化細胞による細胞内取り込み（endocytosis）と，それに続く細胞内消化（intracellular digestion）である．消化細胞は取り込み能が非常に高く，小さな餌粒子は個々の消化細胞に多く取り込まれ，消化酵素による分解を受ける．もう1つは，好塩基性細胞が内腔に分泌する酵素による細胞外消化（extracellular digestion）である．好塩基性細胞は小さな細胞で取り込みはできないが，数種類以上の酵素を有することが知られている．これら2つのはたらきにより，餌粒子は盲嚢細管で十分な消化を受ける．

盲嚢細管は，袋状であるから出口がない．それでは，消化後の残渣や未消化の物質，たとえば珪藻プランクトンの細胞壁などをどう排泄するのかが問題になる．消化細胞は，消化後の残渣を自身の細胞質に包んで球形の「ゴミ袋」のようなものを細胞内に形成する．そして，これらの球を細胞から切り離していく．この作用は離出分泌（apocrine secretion）の1種である．形成された球を排出球（excretory sphere）とよぶ．排出球は2次導管を通って主導管まで戻ってくるが，排出球は重いため，主導管の下側まで落ちる．主導管下側の管状部には繊毛上皮細胞が存在して，それらの運動により胃へ送られる．この流れを ciliated exhalant current とよぶ．

〔高橋計介〕

## 文　献

Batista, F.M., Leitao, A. et al.(2006)．かき研究所ニュース，**18**, 3-10.
Hedgecock, D., Li, G. et al.(1999)．*Mar. Biol.*, **133**, 65-68.
飯塚祐輔・荒西太士（2008）．汽水域研究，**15**, 69-76.
稲葉明彦（2003）．西宮市貝類館研究報告，**2**, 1-59.
稲葉明彦・鳥越兼治（2004）．西宮市貝類館研究報告，**3**, 1-62.
Langdon, C. J. and Newell, R. I. E.(1995)．The Eastern Oyster *Crassostrea virginica*(S. Kennedy, R. I. E. Newell et al.(eds.))，231-269, Maryland Sea Grant Book.
Newell, R. I. E. and Langdon, C. J.(1995)．The Eastern Oyster *Crassostrea virginica* (S. Kennedy, R. I. E. Newell et al.(eds.))，185-229, Maryland Sea Grant Book.
Sekino, M., Ishikawa, H. et al.(2015)．*Fish. Sci.*, **81**, 267-281.

Sekino, M., Ishikawa, H. *et al.*(2016). *Plankton Benthos Res.*, **11**, 71-74.
田中彌太郎（1996）．動物発生段階図譜（石原勝敏 編著），140-143，共立出版．
Torigoe, K.(1981). *J. Sci. Hiroshima. Unive.*, **29**, 291-419.
内野　透，布部淳一ほか（2016）．*VENUS*，**74**，35-40．
山口啓子（1996）．化石研究会会誌，**29**，18-24．

##  3.2　ホタテガイ（イタヤガイ類）

### 3.2.1　イタヤガイ類の分類

　本邦産ホタテガイは，軟体動物門（Mollusca），二枚貝綱（Bivalvia），翼形亜綱（Pteromorphia），イタヤガイ目（Pectinoida），イタヤガイ上科（Pectinoidea），イタヤガイ科（Pectinidae）に属する．本邦産ホタテガイ（*Patinopecten*（*Mizuhopecten*）*yessoensis*（Jay））が近代科学の場に登場したのは，M. C. ペリー提督指揮のアメリカ艦隊の支那海と日本探険，いわゆる黒船来航の報告書に，J. C. ジェイが新種として日本のホタテガイを Pecten Yessoensis と報告した．その後，ダルが *Pecten* 属の1つのセクションとして *Patinopeceten* 属を設け，*P. caurinus* とともに，*Patinopencten* 属となった．さらに Masuda（1963）は本種を *Patinopencten* 属から分離して *Mizuhopecten* 属としたが，世界的には正式に認められていない．

　ホタテガイ類は二枚貝の中で，形態学的，行動学的，生態学的にもっとも分化した科の1つといえる．イタヤガイ上科は，石炭紀からペルム紀の *Pernopecten* 属からはじまると考えられている．これは中世代に栄えたエントリウム科（Entoliidae）に引き継がれたが，現在ではその子孫はほとんど残っていない．三畳紀になるとイタヤガイ科（Pectinidae）とワタゾコツキヒガイ科（Propeamussiidae）が出現し，ともに浅海の貝類群に普通にみられるようになった．イタヤガイ科は，足糸湾入と櫛歯が発達しているのが特徴である．殻構造が脆弱なワタゾコツキヒガイ科は，白亜紀以後になるとしだいに浅海から駆逐され，半深海から深海に追い込まれた．この仲間は，「生きた化石」の1つとみなされている．

　ホタテガイ類は現在では世界で約270種の現存種が認められており，極から温帯，熱帯の海に分布し，カリブ海，インド洋でもっとも生物学的分化したものが見られる．日本の排他的経済水域でも60種が確認されている．ほとんどのホタテガイ種は，大陸棚の亜熱帯の浅い礁，砂地の湾，藻場でみられるが，ごく少数

の種は 7000 m の深海でもみられる．ホタテガイの典型的な貝殻の形態は，丸い主殻と 2 つの耳のような耳殻によって形づくられていて，耳殻には直線的な蝶番があるが，一般的な表現型には幅広い変異がある．

### a. ホタテガイ類の定義

ホタテガイ類はイタヤガイ上科に属するが，イタヤガイ上科にはイタヤガイ科，エントリウム科，ワタゾコツキヒガイ科，ウミギクガイ科（Spondylidae）が含まれる．また絶滅種の Entolioidesidae，Pernopectinidae，Tosapectinidae も含まれる．イタヤガイ上科の中でイタヤガイ科のつぎに大きな科は，ワタゾコツキヒガイ科であり，深海に生息している．ウミギクガイ科は，熱帯または亜熱帯に分布していて，基質に固着する．エントリウム科は種の数がもっとも少なく，2 種しかいない．

イタヤガイ科内では，蝶番の歯列と貝殻の鉱物組成で形態的相違がある．イタヤガイ科はイタヤガイ上科の中でもっとも大きく，2 つのキーとなる構造で同定でき，①特徴的な蝶番靭帯（図 3.18）があり，2 枚の貝殻がつながっており，②櫛歯（図 3.18）がある．ホタテガイの蝶番靭帯組織は，内靭帯と外靭帯の 2 つがある．殻の背側にある蝶番縁内側の中央には靭帯受というくぼみがあり，そこには三角形の弾性タンパク質でできた内靭帯（図 3.18）がある．内靭帯は貝殻を跳ね上げるはたらきがある．もう 1 つの靭帯は外靭帯とよばれ，まっすぐな蝶番の

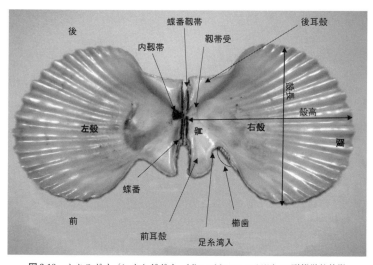

図 3.18　ホタテガイ（ヒオウギガイ，*Mimachlamys nobilis*）の形態学的特徴

外縁に沿って存在し，ほかの二枚貝のように殻を開く機能はないが，左右の貝殻をくっつけている．

一方，櫛歯（図3.18）もホタテガイに独特なものであり，後期幼生の初期（付着稚貝）に櫛歯をもつようになる．櫛歯は犬歯のような形をした象牙質で，右殻にある足糸湾入の背側縁辺部に沿ってある．足糸湾入から足糸とよばれる付着するための糸が出される．足糸は，櫛歯の歯列で貝殻縁に沿って平らに保ちながら出され，足糸を使って基質に側面で付着できるようになる．この側面付着は，貝殻主部，前耳殻前端と足糸によって3点で支持されるので，湾入が深いほど安定した付着姿勢が可能になり，足糸周辺で貝を回転しないようにしてくれる．成長に伴って自由生活に入る種では，櫛歯は機能しなくなって次第に消失し，前後の耳殻は対称に近くなる．本邦産ホタテガイでは，殻長10 mmくらいまでの幼貝は明瞭な足糸湾入と櫛歯をもつが，その後成長とともに殻内に埋められてしまう．つまり，成貝に櫛歯が認められない場合，それが幼期にも存在しないのか2次的に退化したのかを識別することが重要である．

化石・現生種を通じて，有殻動物の高次分類に殻の微細構造が重要な形質となっている．しかし，中・新生代や現生のイタヤガイ類では，大部分の種の内表面は，結晶子が殻表面に水平に並ぶ葉状方解石（図3.19A）でつくられていて，多様性が期待されないこともあって，殻の微細構造が分類に利用されることはほとんどなかった．近年，走査型電子顕微鏡などによる微細構造の観察・解析で，イタヤガイ類の高次分類の見直しにも大きな影響を与えた．ワタゾコツキヒガイ属の殻の微細構造は，*Amusium*属を含むイタヤガイ科の諸属と大きく異なり，科レベルの識別(Propeamussiidaeの認定)に利用できる．イタヤガイ科の諸属は，両殻の外層の多くの部分が葉状方解石の結晶の積み重ねでできている．ただし，殻縁辺部の殻が形成されてまもなくの角質層と右殻の殻頂部は，結晶が殻表面に

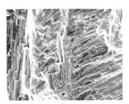

**図3.19** ホタテガイ（*Patinopecten*（*Mizuhopecten*）*yessoensis*）の貝殻
(A) 内表面の葉状方解石，(B) 稜柱状方解石，(C) 交差板構造．

垂直に並ぶ稜柱状方解石の薄層に覆われることが多い（図3.19B）．ワタゾコツキヒガイ科では，右殻の主部は全面的に稜柱状方解石の外層に覆われているので，この外層だけからできている右殻の腹縁部は柔軟性があって，貝が殻を閉じると左殻の内面に沿って張りつくように反転する．右殻の薄い中層と左殻の外層および内肋の核の部分は，殻表にほぼ平行な繊維状方解石またはこれから漸移すると思われる葉状の方解石でつくられている．

　内層はイタヤガイ科，ワタゾコツキヒガイ科ともおもに交差板構造を示すアラレ石からなるが，イタヤガイ科の一部の種（とくに冷水系の種）では，外套線の内側の最内層にふたたび葉状方解石が沈着することが少なくない．エントリウム科は，真の櫛歯を欠く点でワタゾコツキヒガイ科に似るが，稜柱状方解石の層を欠き，外層の繊維状－葉状方解石の被覆は薄く，大部分は交差板構造を示すアラレ石からなる．半深海性の*Delectopecten*属や*Propeamussium*属の殻内面の腹縁部には，葉状構造または繊維状構造の方解石の結晶子が，殻の成長方向にほぼ規則的に配列している．これに対して，多くのイタヤガイ類では，葉状方解石の結晶子がさまざまな方向を向いて積み重なり，ベニヤ板のような丈夫な殻となる交差板構造（図3.19C）になっている．

　ホタテガイの新殻には微細彫刻パターンがあり，分類体系で特徴として使われた．イタヤガイ類の外面には一般に放射肋がよく発達し，それに伴う鱗片や輪肋などさまざまな彫刻がみられる．これらの特徴はしばしば種や属を特徴づける分類形質として利用されている．しかし，種によっては同一個体群内には変異がみられることがあり，彫刻の機能やそれがつくられる機構を考慮して，妥当な形質評価を行った上で高次分類に適用する必要があった．これらの巨視的な彫刻とは別に，イタヤガイ類の殻の外表には2種類の微細な彫刻が認められる．その1つは，カンプトネクテス条線とよばれる微細彫刻である．この条線は殻の主部，耳状部でも成長線につねに直交する方向（殻の成長方向）に発達する．イタヤガイ科の一部の種では，この条線（図3.20A）が放射肋に先駆けて出現し，初期の新殻の外層が成長方向に規則的に配列した結晶子からつくられていることを暗示する．イタヤガイ類の一部にしばしばみられるもう1つのタイプの微細彫刻は，網目状彫刻（図3.20B）とよばれるサメ肌状のもので，*Chlamys*属，*Swiftopecten*属，*Patinopecten*属，*Semipallium*属などの諸属の幼殻（とくに左殻）に出現する．これは微小な鱗片が5つ目状に配列するのが特徴である．その方向はカンプトネクテス条線とは異なり，一般に成長線とは直交しない．これら2種類の微細彫刻

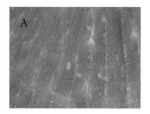 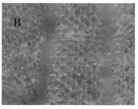

**図 3.20** ホタテガイ（*Patinopecten*（*Mizuhopecten*）*yessoensis*）の付着稚貝初期にみられる殻の微細彫刻
(A) カンプトネクテス条線（成長線とは直行している），(B) 網目状彫刻（成長線とは直行しないサメ肌状の微細彫刻）．

は，ともに足糸付着期の幼殻に出現する．*Patinopecten* 属は横臥型特有の形態を有し，従来は *Chlamys* 属よりも *Pecten* 属に近いとされたが，幼期の形態は *Chlamys* 属に酷似し，これと網目状彫刻を共有することは分類上の位置について再検討が必要であるとされてきた．

(1) ホタテガイの生活習慣と殻形態

付着能力と移動方法をもとに，成貝のホタテガイを，足糸付着，寄り添い型，固着型，自由生活型，横臥型，滑空遊泳型の 6 つの型に分けることができる（表 3.2）．この生活習慣はホタテガイの特異的な殻の形態とも関係している．

おもなホタテガイ類は足糸を使った付着生活習慣をもつ．基質に一時的に付着する能力であり，成貝でも足糸で付着する生活習慣のものは，足糸付着型（図 3.21A）である．足糸付着型は，貝殻の形は前後軸で著しく非対称で，耳殻の大きさが異なり，殻の輪郭は斜めである．足糸付着型はイタヤガイ科の中でも原始的なものと仮定されている．足糸付着型の一種として寄り添い型があり，*Pedum spondyloidium* のような付着種は，後期浮遊幼生期に優先的に生きたサンゴ類のポリプに足糸で付着し，ポリプはホタテガイが入ったまま成長する．*Crassadoma gigantea* の殻は岩のように厚くて重い．この貝は殻の材料を分泌して，硬い基質または無生物の基質に一生涯付着する固着型（図 3.21B）である．しかし，寄り添い型と固着型は永久的に基質に付着したままなので，永久付着型として 1 つの型にすることもある．

成貝になると基質に付着しなくなる種がある．自由生活をし，砂のような柔らかな基質で部分的に貝殻を覆い，横たわるように生活している．これらの種を自由生活型（図 3.21C）とよぶ．右殻には狭い足糸湾入がある．この型の殻の形は，足糸付着型よりも等辺形で広がりがある．

**表 3.2** イタヤガイ科の生活習慣型

| 生活習慣 | 特徴 | 属 |
|---|---|---|
| 足糸付着型 | 足糸によって一時的に基質に付着し，基質から離れ，再度移動することができる | *Azumapecten, Brachtechlamys\*, Caribachlamys, Chlamys, Coralichlamys, Cyclopecten, Excellichlamys, Gloripallium, Laevichlamys, Leptopecten, Mimachlamys\*, Pascahinnites, Scaeochlamys, Semipallium, Spathochlamys, Talochlamys\*, Veprichlamys, Zygochlamys* |
| 寄り添い型 | 生きたサンゴに足糸で付着し，サンゴはホタテガイを包んだまま永久にその周辺で成長する | *Pedum* |
| 固着型 | 硬く，あるいは重い基質に永久に新しい殻をつくって付着する | *Crassadoma, Talochlamys\** |
| 自由生活型 | 柔らかい底質または硬い基質の上に横たわっている | *Aequipecten, Anguipecten, Annachlamys, Argopecten, Brachtechlamys\*, Cryptopecten, Decatopecten, Delectopecten, Equichlamys, Mimachlamys\*, Mirapecten, Nodipecten, Pseudamussium* |
| 横臥型 | 柔らかな底質に完全に，または部分的に隠れるように穴を掘っている | *Euvola, Pecten, Patinopecten* (*Mizuhopecten*) |
| 滑空遊泳型 | 5 m/遊泳以上泳ぐことができ，滑空型要素がある泳ぎを示す | *Adamussium, Amusium, "Amusium (Ylistrum)", Placopecten* |

\* 族内に多数の生活習慣を示すもの．

　自由生活型に似ているが，前後軸で腹背軸に沿って広がりが強いものとして横臥型（図 3.21D）がある．右殻，左殻の形は非対称であり，左殻は平らか，またはかすかに凹型になっているが，右殻は甚だしく凸型になっている．横臥型は，外套腔からジェット水流を吐き出し，砂のような柔らかい基質に受け皿のようなくぼみをつくる．この種は成貝のときに足糸湾入がなくなる．

　外敵から逃れるためと，好適生息場所を探すために泳ぐ能力を備えた滑空遊泳型（図 3.21E）とよばれるものがある．滑空とは，①一遊泳あたりの距離が長い（5〜30 m/遊泳），②基質上での水平軌道を維持，③殻を閉じている間でも前に進み続ける，滑空要素を含んでの遊泳行動である．この型は，殻の引張りを少なく，揚力を増すために，貝殻表面は滑らかで，円形の外縁が薄くて軽いが，殻の内側に多数の放射肋があり，殻を補強している．

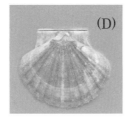

**図 3.21** イタヤガイ科の貝殻の一般的形態

個々の貝殻は左殻の表面形状．それぞれの写真の左側が前，右側が後，上側が背，下側が腹．(A) 足糸付着型（アズマニシキ，*Azumapecten farreri*），(B) 固着型（ロックスキャロップ，*Crassadoma gigantea*），(C) 自由生活型（アメリカイタヤガイ，*Argopecten irradians*），(D) 横臥型（ヨーロッパイタヤガイ，*Pecten maximus*），(E) 滑空遊泳型（タカサゴツキヒガイ，*Amusium pleuronectes*）．

イタヤガイ類の成貝の形態には平行進化や収斂がみられる現象が少なくない．このような生活様式に大きく支配される形質は，種の識別や機能形態の研究には重要であっても，系統に応じた高次分類を目指す場合には重視されない．殻形態は同一種を表しているのではなく，むしろ生活習慣を表している．

### b. イタヤガイ類の分類略史

現生・化石のイタヤガイ類の分類研究は多岐にのぼる．古くは Verrill（1897）が若干の属・亜属を設けて系統を論じたが，はじめて世界中の現生種の分類体系を提示したのは Thiele であった．Thiele およびそれ以後に提示され，ほかの研究者に強い影響を与えたと思われる体系をいくつか紹介する．

(1) Thiele（1935）の体系

I. Thiele が示したイタヤガイ類の分類は，現在得られている知見に照らすと多くの難点や矛盾を含むが，長くこれにかわる体系がなかったこともあって，のちの分類学者に大きな影響を与えた．イタヤガイ科を 4 亜科（ツキヒガイ亜科（Amussiinae [Amusiinae]），イタヤガイ亜科（Pectinina），ネスミノテ亜科（Plicatulinae），ウミギク亜科（Spondylinae）から構成されるとした（後 2 亜科はもはやホタテガイで

(2) Korobkov（1960）の体系

旧ソ連のI. A. Korobkovが"Osnovy paleontologii"の中で提示した分類体系で，Thieleのものと類似している．Thieleの亜科を細分化し，PectininaeをChlamydinaeに，AmusiinaeをPalliolinaeにした．

(3) Hertlein（1969）の体系

アメリカ合衆国のL. G. Hertleinは，イタヤガイ類の分類体系をつくるときに殻形態の収斂性進化の問題を最初に提起した．イタヤガイ類の超特定種グループを規定するために使った殻形態の類似度は歴史を分割するのではなく，収斂するものであると結論づけた．正式の亜科名は用いず，暫定措置として化石・現生イタヤガイ類の属・亜属を11の超汎用グループ（group）に整理して示した．

(4) 波部（Habe, 1977）の体系

波部が日本の生物群をもとにイタヤガイ類の10亜科の分類体系をつくった．形態的にほかと大きく異なる属に基づいて5つの亜科 Adamussinae 亜科（Adamussiinae 亜科），Hinnitinae 亜科，Camptonectinae 亜科，Hemipectinae 亜科（Hemipectininae 亜科）および Peduminae 亜科を新たに設けた．Abbott（1954）が提唱した Propeamussiidae 亜科，Masuda（1962）が設けた Patinopectinae 亜科（Patinopectininae 亜科）も亜科として認め，合計10亜科からなる分類体系を提示している．波部の重要な貢献は，中生代に繁栄した Camptonectes グループを亜科まで上げたことである．

(5) Wallerの分類体系

二枚貝の外見の形態的可塑性および進化による収斂は，成貝の殻の形態，彫刻をもとにした分類体系に疑問を投げかけていた．Wallerは，それ以前のイタヤガイ科の分類とは類似することなく，おもに稚貝の殻の微細彫刻，微細構造，蝶番の歯列に焦点を当てて現生種，絶滅種の分類を進めた．

イタヤガイ科を Camptonectinae, Chlamydinae, Pectininae の3つの亜科に分類し，表3.3に示した個々の種と多くの群は，以前に認められていた族に対応した．さらに彼は，*Delectopecten* 属に代表されるような Camptonectinae 亜科を基礎グループとして同定した．Chlamydinae 亜科を Chlamydini 族，Crassadomini 族，Mimachlamydini 族，Aequipectinini 族の4族に細分化した．Chlamydini 族には，Crassadomini 族，Mimachlamydini 族の現生する2族と，新しい現生3属（*Caribachlamys* 属，*Laevichlamys* 属，*Spathochlamys* 属）を導入した．さらに，

一般的な chlamydoid 型を異なる族（Chlamydini 族，Crassadomini 族，Mimachlamydini 族）に分けた．のちに，分類学的分類を再評価して，Palliolini 族を Pectininae 亜科から移して，Palliolinae 亜科に上げた．Palliolinae 亜科は5族に分け，そのうち3族（Adamussiini 族，Mesopeplini 族，Palliolini 族）は現生群である．分子系統発生研究の証拠をもとに，Amusiini 族をつくり，*Annachlamys* 属と *Flexopecten* 属を Decatopectinini 族から Pectinini 族と Aequipectinini 族にそれぞれ移した（表3.3）．

彼の仕事はこれまでにないもので，ただ単に，形態学的に似通っている種をグループに押し込むのではなく，はじめて化石と現生群を順序だてて系統発生の仮説にあわせていった．また，殻の形態の収斂問題を避けるために，殻の微細彫刻，

**表3.3** Waller によるイタヤガイ類の分類体系（これまでに位置づけられた現生属のみ）

| 科（Family） | 亜科（Subfamily） | 族（Tribe） | 属（Genera） |
|---|---|---|---|
| Entoliidae | | | *Pectinella* |
| Propeamussiidae | | | *Propeamussium, Rarvamussium, Cyclopecten, Chlamydella* |
| Pectinidae | Camptonectinae | | *Delectopecten* |
| | Chlamydinae | Chlamydini | *Azumapecten, Chlamys, Complicachlamys, Coralichamys, Equichlamys, Hemipecten, Laevichlamys, Manupecten, Notochlamys, Patinopecten* (*Mizuhopecten*), *Pascahinnites, Scaeochlamys, Semipallium, Swiftopecten, Talochlamys, Veprichlamys, Zygochlamys* |
| | | Crassadomini | *Crassadoma, Caribachlamys* |
| | | Mimachlamydini | *Mimachlamys, Spathochlamys* |
| | Palliolinae | Adamussiini | *Adamussium* |
| | | Mesopeplini | *Meaopepium* |
| | | Palliolini | *Palliolum, Placopecten, Palliolum, Tigerinum, Karnekampia, Pseudamussium* |
| | Chlamydinae | Aequipectinini* | *Aequipecten, Argopecten, Cryptopecten, Haumea, Leptopecten, Paraletopecten, Lindapecten, Flexopecten* |
| | Pectininae | Decatopectinini | *Decatopecten, Anquipecten, Antillipecten, Brachtechlamys, Excellichlamys, Gloripallium, Juxtamusium, Mirapecten, Somalipecten* |
| | | Amusiini | *Euvola, Amusium* |
| | | Pectinini | *Annachlamys, Pecten* |

\* Waller は Aequipectinini が Chlamydinae であるとしながら，Decatopectinini, Amusiini, Pectinini は Aequipectinini から派生しているとしている．

微細構造, 歯列などの一連の形質を分類に使った最初の研究者である. 彼が行った仕事のおかげで, イタヤガイ科は安定性のある分類方法を得た. しかしながら, 少数の種は明らかにこの体系に入れられないものもあった.

(6) Dijkstra の分類体系

Dijkstra の分類体系での分類学的相違は, Fortipectinini, Austrochlamydini, Pedini の3族を復活させたことである. 彼の仕事の多くは熱帯インド洋に焦点を当てたものであった. 彼のイタヤガイ科の研究でもっとも重要な貢献は, 新しい群を記述しただけではなく, 重要な生態学的情報も示したことである. 彼の論文では詳細な生活習慣, 関連基質の記述, イタヤガイ類種の生息地の輪郭を示すために水深の範囲も示している.

(7) Raines *et al.* (2006) の分類体系

もっとも新しいもので, Raines らのものがあるが, 彼らが採用した分類体系は Hertien によるものに従い Dijkstra, Habe, Katanov, Wangner, Waller がした仕事を修正したものであった. Raines らの分類は Hemipectinae 亜科を認めた唯一の体系であった. さらに Chlamydinae 亜科はほかの分類処理によりさらに多くの族も含んでいる.

### c. 体系における分子系統発生学の影響

分子系統発生学は分類体系をつくり出す力強い道具となると考えられていた. Waller によって構築された体系は, 論理的には単に目につく形質を勝手に重みづけてつくられた従来の体系よりもすぐれていて, 系統をよりよく反映しているはずである. これを具体的に立証する手段を分子系統解析に求めることができる. とくにイタヤガイ類のように分類体系が研究者によって大きく分かれている場合には, 分子系統解析は分類研究者に重要な判断材料を提供してくれる.

(1) ホタテガイ類の分子系統発生学的研究

初期のイタヤガイ生物群を含むホタテガイの分子系統発生学的研究は二枚貝間の関係を調べたもので, 10種以下のホタテガイしか使われなかった.

たとえば, Frischer (1998) らは, Chlamydinae 亜科と Pectininae 亜科内の7族のうち6族7種について調べ, イタヤガイ科の単系統は支持されたものの, 7種の関係は Waller が示したものとは一致しなかった. *Pecten* 属と *Argopecten* 属は姉妹関係にあるが, Waller の *Argopecten* 属を含むような単系統のイタヤガイ科を支持しなかった. さらに, Palliolini (*Placopecten* 属) の唯一の代表種は Chlamydinae 亜科内の *Crassodoma* 属の姉妹種となった.

速水ほか（1998）は，7種の日本のホタテガイのミトコンドリア DNA のシトクロム c 酸化酵素サブユニット 1（CO1）遺伝子を分析して，Waller の形態学的系統発生を調べた．この分析でツキヒガイ，ヒヨクガイ，イタヤガイの単系統群とヒオウギガイ，アズマニシキ，ホタテガイ，エゾキンチャクの単系統群の2つの分岐群に分かれ，それらは姉妹グループであった．*Pecten* 属は Pectnidae 亜科に含まれることが支持された．さらに，Chlamydinae 亜科の中の分岐パターンも Waller が示した分類体系に驚くほど一致している．エゾキンチャクとホタテガイ，イタヤガイとツキヒガイの近縁性が立証された．意外なのはヒヨクガイを含む *Cryptopecten* 属は，Waller の定義する Aequipectinini 族に属すると考えられてきたが，ここではイタヤガイに非常に近いことになった．一方，この分子系統樹のパターンは，Thiele, Korobkov, Hertlein, Habe らによる成貝の形態に基づく体系とは大きく異なり，従来の分類研究者がみかけの類似に惑わされていた可能性が強いことを暗示している．

Matsumoto ら（2000）は，17 種のホタテガイのミトコンドリア DNA のシトクロム c 酸化酵素サブユニット 1（CO1）遺伝子を分析した（図 3.22）．その結果は，Waller の形態学的系統発生とよく一致した．*Pedum spondyloideum*（ウミギクモドキ）は *Laevichlamys squamosa*（リュウキュウナデシコ），*Semipallium dianae*（ダイアナナデシコ）と姉妹群になった．*Patinopecten* 属が *Pecten* 属よりも *Chlamys* 属に近い関係にあることや，Decatopectinini 族と Pectinini 族は近い関係にあることは，Waller のものと一致した．また，ワタゾコツキヒガイ科をイタヤガイ科から分離したことや，*Amusium* 属は *Decatopecten* 属と *Pecten* 属が分岐する前に枝分かれしており，Pectininae 亜科の基礎になることも Waller のものと一致した．

(2) 分子系統発生と旧分類との比較

多くの分子系統分析の研究は異なる種を採取したけれど，高次の分類群は単系統であるかどうか，また，亜科，族はいかに関係しているのか疑わしいものがあった．もっとも包括的な分類群の分子系統発生学的研究は Alejandrino ら（2011）によるものである．彼らは 41 属を代表するホタテガイ 81 種を採取し，4つの重要な系統発生学的問題を調べた．①イタヤガイ科は単系統か，②分子データは Waller によって同定された分類学的単位とその関係を支持しているのか，③イタヤガイ科のもっとも先祖型の系統はなんであるか，④種の生活習慣と分子系統学的分類は一致するか，との問題があった．

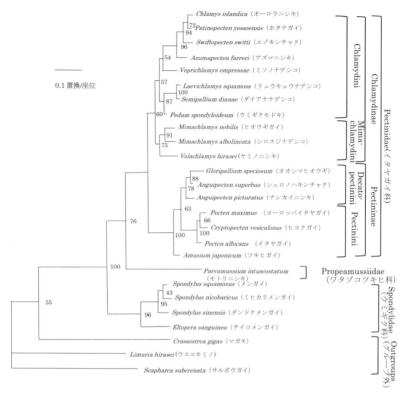

**図 3.22** ミトコンドリア DNA 中のシトクロム $c$ 酸化酵素サブユニット 1（CO1）遺伝子のアミノ酸配列から推定されたイタヤガイ科の最尤系統樹（Matsumoto et al., 2000）数値は 10000 複製に対するブートストラップ値．

### (3) 亜科内での単系統と関係

Alejandrino らは，イタヤガイ科の単系統を調べるために，イタヤガイ科の種と 3 つの二枚貝綱の科（Spondylidae 亜科，Pectinoidea 上科内の Propeamussiidae 科，Limoidea 上科内の Limidae 科）に属する 11 の種をあわせて分析した．その結果，イタヤガイ科は単系統であることが強く支持された．つぎに，Waller がつくった Pectininae 亜科，Palliolinae 亜科，Chlamydinae 亜科，Camptonectinae 亜科の 4 つの亜科を支持するかどうか調べた結果，Chlamydinae 亜科以外の 3 つの亜科（Pectininae 亜科，Palliolinae 亜科，Camptonectinae 亜科）は，単系統分岐群であることが支持された．

Chlamydinae 亜科は Pectininae 亜科の姉妹群である Aequipectinini 族の位置を

もとにした側系統であるとWallerは結論づけていた．しかし，分子系統発生学による分類では，2つに分かれたChlamydinae系統は亜科多系とされた．2つのうち一方の系統のWaller仮説のAequipectinini族は，Pectininae亜科とは姉妹群ではなく，その中に含まれてしまった．2番目の多系として亜科となったChlamydinae亜科は，Pectininae亜科，Palliolinae亜科，Aequipectinini族と姉妹群の*Zygochlamys*属と*Veprichlamys*属をあわせた分岐群となった．

　つぎに，イタヤガイ科内の関係が比較された．Wallerの系統樹の仮説ではCamptonectinae亜科，Chlamydinae亜科，Palliolinae亜科，Chlamydinae亜科としてのAequipectinini族，Pectininae亜科の5つの分岐群として描かれた．一般に，Alejandrinoらの分子系統発生学による分類はWallerの亜科の関係の仮説に適合した．それはCamptonectinae亜科は科内で基本的系統として位置づけられることである．分子系統発生学による分類とWallerの分類体系のおもな相違は，Aequipectinini族の位置である．Wallerは，Aequipectinini族（*Aequipecten*属，*Flexopecten*属）をDecatopectinini族，Amusiini族，Pectinini族との姉妹系統として位置づけた．これはAequipectini族がChlamydinae亜科よりもPectininae亜科のメンバーに近いという関係を示している．Wallerは，PectenグループとDecatopectenグループは順番にAequipectenグループから派生した祖先型から派生したと述べている．Wallerは，Aequipectini族をChlamydinae亜科として扱って，Aequipectinini族をMimachlamydini族などほかのChlamydinae亜科の族とは区別している．形態学または分子学的データの系統発生学的分析によって同定された自然なグループとして分類体系をつくるためには，Aequipectinini族はPectininae亜科に含めるべきで，Chlamydinae亜科には含めるべきではない．

（4）種の生活習慣と分子系統学的分類との関係を基にした収斂進化と平行進化
　Alejandrinoらは，さらに個々の生活習慣の独立した起源の数を調べ，先祖型を推定し，生活習慣の収斂進化と平行進化を区別するようにした．また，先祖の特徴をもった生活様式型が進化の方向と頻度に影響を与えるかも調べた．

　ホタテガイの生活習慣はその生理要求と行動特性に関係し，その生活様式が殻の形態に端的に現れることが多く，殻形態には平行進化や収斂がみられることが多い．彼らは，前述した6つの生活習慣（表3.2）での分類と分子系統分析による高次分類との比較を行った．*Scaeochlamys livida*, *Mimachlamys townsendi*分岐群，*Delectopecten*以外の基本群と*Nodipecten subnodosus*系統を除いて，イタヤガイ上科の種は系統発生学的関係と一致した．

先祖型の推定で,生活習慣型間で移行するものが最低17同定された(表3.4).この移行には,横臥型の2つの起源,自由生活型の7つの起源,滑空型の4つの型に派生した系統,固着型または生きたサンゴに永久付着する寄り添い型の3つが発生することが含まれている.足糸付着型はイタヤガイ科の先祖型にもっとも近いが,*Leptopecten* 属系統では足糸付着型への移行が自由生活型祖先からの系統発生で2度起こっている.滑空型は,*Amusium* 属(4種),*Adamussium* 属(単系),*Placopecten* 属(単系)の3属で出現した.*Amusium* 属は単系統を形成しなかったので,これらの種は別々の起源をもつ滑空型である.滑空型の4番目の起源をもつものには,単一種属 *Adamussium* 属と *Placopecten* 属がある.17の生活習慣型の移行のうち,足糸付着型先祖からが主(12;70%)で,平行進化によるものである.自由生活型の7つの起源のうち,6つは足糸付着型祖先から平行進化的に進化が起こっている.同様に,*Crassadoma gigantea* と *Talochlamys pusio* は足糸付着型祖先から平行進化的に固着型への移行が起こっている.滑空

表3.4 先祖型で再構築した分類系統から求めた生活習慣型間の移行(Alejandrino *et al.*, 2011)

| 行動移行 | 観察数 |
| --- | --- |
| 横臥から足糸付着 | 0 |
| 横臥から自由生活 | 0 |
| 横臥から滑空 | 2 |
| 永久付着から足糸付着 | 0 |
| 永久付着から自由生活 | 0 |
| 永久付着から横臥 | 0 |
| 永久付着から滑空 | 0 |
| 足糸付着から永久付着 | 3(2固着,1寄り添い) |
| 足糸付着から自由生活 | 6 |
| 足糸付着から横臥 | 1 |
| 足糸付着から滑空 | 2 |
| 自由生活から永久付着 | 0 |
| 自由生活から足糸付着 | 1 |
| 自由生活から横臥 | 1 |
| 自由生活から滑空 | 0 |
| 滑空から永久付着 | 0 |
| 滑空から足糸付着 | 0 |
| 滑空から横臥 | 0 |
| 滑空から自由生活 | 1 |
| 移行合計 | 17 |

固着と寄り添いは永久付着として一緒のグループにした.

型は，平行進化と収斂進化の両方をたどって4つの独立した系統として現れた．"Amusium" papyraceum と "A." pleuronectes は横臥型祖先から平行進化的に移行が起こっている．"A." balloti，"A." japonicum 分岐群と Adamussium 属，(Pseudamussium 属，Placopecten 属) 分岐群は足糸付着型祖先から平行進化的に移行が起こっている．Euvola 属，Pecten 属分岐群と Patinopecten 属，Mizuhopecten 属分岐群の横臥型は収斂し，それぞれ自由生活型祖先と足糸付着型祖先から派生している．最後に，寄り添い型の Pedum spondyloideum は，足糸付着型祖先から移行した．Euvola chazaliei との姉妹生物群である Nodipecten subnodosus は，横臥型から自由生活型という独特な移行を示した．

　生活習慣型間で移行が進化的に不自然ではないか，また，それぞれの型からほかの型に同等に起こりうるのかを調べたが，足糸付着型で移行がほかよりも多く起こり，ほかの型はいったん起こるとほとんど固定されてしまうようにみえる．イタヤガイ科の中でも6つの生活習慣のうち5つは少なくとも2度進化している．足糸付着はホタテガイでもっとも一般的なものであり，ほかの型よりも生活習慣がかなり多く移行する先祖型のものであった．このように，足糸付着型は，イタヤガイ科の先祖型であり，足糸付着型以外の5つの生活習慣型に移行する．生活習慣型間でのほとんどの移行は系統発生の中で繰り返され，これらの多くは足糸付着型祖先からの平行進化の結果である．収斂進化も起こり，2つの滑空型分岐群と横臥型もできた．さらに，足糸付着型にはほかの生活習慣型よりも重要な移行も起こり，系統発生樹の中で固着型と寄り添い型が進化の結果として現れた．それは先祖型にはなかったものであった．このように，収斂進化，平行進化はホタテガイでは反復する生活習慣型を生み出している．

　イタヤガイ科の初期の分子系統発生学的分析は形態分類学的分類体系と一致するようにみえ，ホタテガイの関係は予想できると考えられていた．しかし，分子系統発生学的研究は採取した種の数と生物群が増加したとき，類似した形態的形質で分かれるように思われる系統に他種との予期せぬ関係をもたらした．より正確な科の系統発生を推定するためには，より多くのイタヤガイ種の分析が必要であることが強く示唆された．

### 3.2.2 ホタテガイの生理・生態（生活史）
#### a. ホタテガイ解剖学
(1) 外部形態

　ホタテガイの蝶番の部分は背部で，蝶番の反対側にある殻の部分は腹部である．殻は蝶番の背側に沿って外靱帯でつながっている．蝶番の前後に耳殻とよばれる（ときどき，耳，羽とよばれる）2つの突起がある．ホタテガイは右殻を下にして生息しているが，右殻の前耳殻には足糸湾入とよばれるへこみがある．ここから，ホタテガイは稚貝の時期に足を出して，付着基質上を移動することがある．また，アカザラ，ヒオウギガイのように一生付着する種は，足糸湾入から足糸を出して付着基質に付着する．ホタテガイも付着稚貝の時期には足糸湾入から足糸を出して付着するが，一時的なものである．蝶番の中央には靱帯受（弾帯受）というくぼみがあり，そこには黒く弾力に富んだスプリングのようなパッドがある．これは内靱帯とよばれ，閉殻筋が弛緩したときに内靱帯は殻を跳ね返す．蝶番に沿って存在するホタテガイの外靱帯はほかの二枚貝のように殻を開く機能はない．閉殻筋が完全に弛緩すると，内靱帯の弾力により30°ほど貝殻が自然に開くようになっている．貝殻内部表面は一般に滑らかで，殻の中央部よりやや後方には丸い筋肉が付着していた痕（筋痕）をみることができる（図3.23）．

　ホタテガイの殻の殻高は蝶番から腹殻縁にかけて垂直にはかった直線距離である．殻長は前殻縁から後殻縁にかけての直線距離である．殻の形は変化に富んで

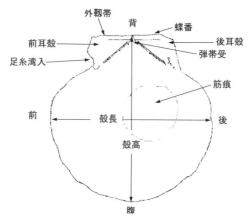

図3.23　ホタテガイの貝殻（右殻）（小坂, 2017）

いる．アズマニシキ，ヒオウギガイは両方の殻が凸状である．イタヤガイの右殻は凸状で，左殻は平らまたは少し反り上がっている．ホタテガイは両方の中間型であり，天然貝，地まき貝では左殻は平らで，右殻は凸状であるが，イタヤガイほどくぼんでいない．しかし，垂下養殖貝では左殻，右殻ともに凸状になる．外部表面は種によって変化し，ツキヒガイのように殻の表面が滑らかなものもあるが，多くは貝殻の表面に，蝶番の背側中央部（殻頂）から貝殻の縁辺部に向かって放射状の隆起した筋がある．これを放射肋とよんでいる．アズマニシキ，ヒオウギガイのように，貝殻表面に鱗状突起があるものもある．また，ヒオウギガイの左右の貝殻の色は同じで，茶，黄，紫，紅などの色があり，殻の色はメンデル式遺伝に従うことがわかっている．アズマニシキも左右の貝殻の色は同じで，茶，黄，紫，紅などの色があるが，左右殻で若干模様が異なる．イタヤガイとホタテガイの右殻は白色であるが，左殻は褐色などの色がついている．

ホタテガイの放射肋の数は地域によって異なる．個体間で肋数の変異が大きいものの，陸奥湾産と岩手県では，左殻で 18～20.5，右殻で 19～22 であるが，北海道日本海産とオホーツク海産は左殻で 22～23，右殻で 23～24.1 と，北海道よりも本州のホタテガイの肋数が少ない傾向がある．しかし，新潟県佐渡沖産のホタテガイの左殻は 19，右殻は 23 と，左殻では陸奥湾産，右殻でオホーツク海産の数を示すものもある．最近では，ホタテガイの増養殖の拡大とともに種苗の移入が行われるようになり，この傾向がみられなくなることもある．

(2) 内部解剖学
（ｉ）外套膜

ホタテガイの内部は薄くてほとんど透明な組織の膜が体全体を覆っている．これは外套膜とよばれ，左半分は左殻についていて，右半分は右殻についている．両方の外套膜は，殻の端で殻についていないけれども，蝶番腹側から縁線までは殻についている（図 3.24A）．

外套膜の縁辺部は，3 種類の褶に分かれている．多数の目が中褶から出ていて，外套膜縁辺部周辺に黒い点として認識できる．ホタテガイの目は色を感知できないが，明暗を感知することができ，敵が近づいてきたときに影や動きを感知できる．中褶には，多数の触手もある．触手には長いものもいくつかあるが，短い触手の列が存在する．この触手はおもに感覚，触感器官である．内褶は，ホタテガイが普通に休んで貝殻を開いているときに外部からみることができる外套膜である．外褶は外套膜の縁辺部の貝殻内部について，貝殻の内部に $CaCO_3$ を何層に

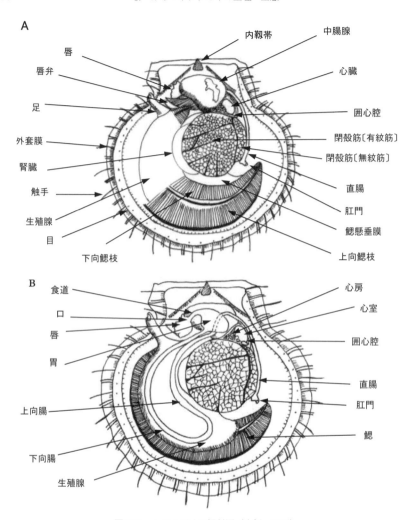

**図 3.24** ホタテガイの解剖図(小坂, 2017)
(A) 左殻,左外套膜,左鰓の一部を除いた.(B) 左鰓を完全に除き消化管を示した.

も積み重ねていき,貝殻を厚くしていく.外褶と中褶の間には殻皮溝というくぼみがあるが,この溝の深部に殻皮腺があり,ここからタンパク質を分泌する.このタンパク質は貝殻の表面のシートとなり,これに $CaCO_3$ を積み重ねて殻を厚くしていく.

外套膜は,殻の分泌・形成,呼吸の手助け,感覚器官の保有,水の流入・流出

（ii）閉殻筋

貝殻をはがすと中央部分からやや後方に，大きく，白色の丸い閉殻筋（貝柱）がある（図 3.24A）．閉殻筋は 2 種類の筋肉からできている．大きな前部分の閉殻筋の筋肉は有紋筋（図 3.25A）でできている．有紋筋は，"速筋"とよばれ，外敵が近づいてきたときや，環境が悪化したときに，筋肉を急激に収縮して殻を閉じ，貝殻から水を噴出して泳いで外敵から逃避するために使われる．速筋は急激に殻を閉じることができるが，持続力がない．後部にある三日月型の閉殻筋は無紋筋（図 3.25B）でできていている．無紋筋は，"遅筋"とよばれ，殻を閉じたままか，または部分的に殻を同じ位置に維持するために使われる．殻を急速に開閉して活発に遊泳または滑空する種は速筋がよく発達している．

（iii）鰓

閉殻筋の周辺部に薄茶の三日月型の対になった鰓がある．鰓は 4 つの半枝鰓からなり，体の左右に 2 個ずつあり，殻の内部では W 型の形状を保っている．閉殻筋と鰓とは鰓懸垂膜でつながっている．懸垂膜から襞状に出ている鰓は 2 種類の鰓枝があり，襞状のくぼみがある第 1 次鰓枝とその間にある多数（6〜20 本）の第 2 次鰓枝である．鰓枝は懸垂膜から外側に向かう下向鰓枝と，末端で折り返して閉殻筋のほうに向かう上向鰓枝からなる（図 3.24A）．上向鰓枝は下向鰓枝の 2/3 の長さのところまで達する．鰓は複雑な構造をしていて，背呼吸拡散とよばれるガス交換を行って呼吸する部分（図 3.26A）と，プランクトンなどの餌を捕捉できる部分（図 3.26B）に分かれている．第 1 次鰓枝の 1/3 のところまでに

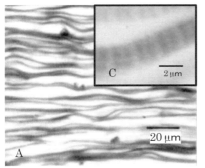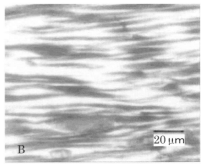

**図 3.25** ホタテガイの 2 種類の閉殻筋（小坂, 2017）
(A) 有紋筋，(B) 無紋筋，(C) A の拡大図．

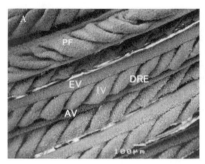

**図 3.26** ホタテガイの鰓の走査電子顕微鏡写真（小坂, 2017）
（A）呼吸する部分，（B）餌を捕捉する部分．AV；入鰓枝血管，DRE；背呼吸拡散，EV；出鰓枝，FC；前繊毛，IV；連合結合血管，LC；側繊毛，PF；第 1 次鰓枝．

背呼吸拡散があり，その中には血管が通っていて海水中とのガス交換が行われる．ガス交換された血液は懸垂膜のある血管を通じて左右の心房に向かう．第 2 次鰓枝の前面と側面には長い多数の繊毛が存在し，繊毛によって捕捉された餌は唇弁という器官を通り，唇を通って口に入る．また，鰓と閉殻筋をつなぐ懸垂膜には嗅検器という器官があり，生殖に関する化学物質を検知できるといわれている．

（iv）泌尿器系

生殖巣は三日月状の形をして，閉殻筋の前腹部の周辺についている（図 3.24A）．多くのホタテガイの仲間は雌雄同体であるが，本邦産ホタテガイは雌雄異体である．生殖巣内の性細胞が完全に空になると半透明になるが，成熟時期には雌雄を簡単に区別することができる．雌はオレンジ〜橙色から赤，雄は白またはクリーム色になる．

左右にある 1 対の腎臓は薄褐色を呈し，閉殻筋の前部の生殖巣の左右についている（図 3.24A）．腎臓は小さくて薄い嚢状の形をしている．腎臓内には先端に繊毛があり，いろいろな大きさの空胞がある腺細胞が占めている．腎口は腹側に向かって外套腔に開いている．腎臓内にある空胞腺細胞は多数の物質を集積し，それぞれの物質を結合させて細胞内凝集物または顆粒を形成する．これらの凝集物は固形物として排泄されるか，溶質として再溶解され排泄される．また，生殖巣内の濾胞から出た卵と精子は輸卵管，輸精管を通して腎臓の内腔に入り，外套腔内に排出される．

（v）足

生殖巣の前背部には小さく白い足（図 3.24A）がある．付着稚貝の段階では移

動のために使われ，成貝でも足がみられるが，ほとんど機能していない．足は足後引筋で左殻について，足の半分は足糸腺が占めていて，そこから細く弾力のある足糸とよばれているタンパク質を足の先端にある足糸溝を通して分泌する．それによって基質に付着する．アズマニシキ，ヒオウギガイは，生涯，足糸によって基質に付着しているが，ホタテガイ，イタヤガイのような種では，付着時期から着底時期にかけてその能力はなくなる．

(vi) 消化器系

足と蝶番の間に表面に長い繊毛が多数存在する葉のような唇弁がある（図 3.24A）．それは口と鰓の間にあり，鰓によって集められた食物を口に運ぶ．唇弁は餌などの粒子を選択していると考えられている．口の周辺にはカリフラワー状の唇があり，口は短い食道を通して胃に通じ，胃は全体が中腸腺に囲まれている（図 3.24B）．中腸腺は閉殻筋と蝶番の間にある黒い器官の塊である．中腸腺内部の胃の周辺には中腸腺導管，中腸腺細管，中腸腺小胞があり（図 3.27），胃とつながっている．中腸腺小胞内には喰細胞や脂肪細胞があり，喰細胞は餌を直接捕食する．閉殻筋ではエネルギー変換が早いグリコーゲンが貯蔵されているが，中腸腺内の脂肪細胞はエネルギーを脂肪という形で貯蔵している．これらの細胞はホタテガイ自体がエネルギーを使い果たしたときや水温などの強いストレスを受けたときなどに崩壊することもある．さらに，胃は腸につながり，生殖腺内を輪のようにまわり，閉殻筋の背部をまわって戻ってきて閉殻筋の後部の直腸につながる．直腸は囲心腔と心室の後部を通り，最終的にかぎ針状に戻るようにして肛

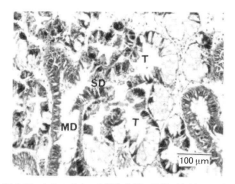

図 3.27　ホタテガイの中腸腺内部の組織（小坂，2017）
MD；中腸腺導管，SD；中腸腺細管，T；中腸腺小胞（黒く染色されているのが喰細胞，白く抜けている細胞が脂肪細胞）．

門に通じる（図 3.24B）．

　腸と胃の中には桿晶体というものがあるときがある．それは琥珀色で，半透明で小枝のような形をしている．それは胃または腸の前部を切り取ると簡単にみることができる．桿晶体は胃の中の食物をかきまわし，酵素を出して消化を助けると考えられている．桿晶体は餌が豊富な時期にみられるが，餌がない時期には消失する．また，ホタテガイを数時間水から出すと，桿晶体はかなり減少するかまたはなくなってしまうが，じきに再生する．

（vii）循環器系

　ホタテガイは開放系の単純な循環器系をもつ．心臓は閉殻筋と中腸腺の間の後部にある半透明な囊で，囲心腔内にある（図 3.24A）．心臓は 2 個の不規則な形をした心房と 1 個の心室からなっている（図 3.24B，3.28）．腎臓から左右の鰓を通って出てきた血液は左右の心房に入り，つぎに 1 個の心室を通って，前，後大動脈に出ていく．心房と心室の間には弁があり逆流を防いでいる．前大動脈血は中腸腺，生殖巣に向かい，後大動脈は閉殻筋，直腸に向かう．静脈系の壁は薄くなく，静脈洞も明確でないが，血液を心臓に戻す．ホタテガイは赤血球のような血色素をもたないため，血液は薄茶がかった透明な液体である．血球はマクロファージのような遊走性の 3 種類の血球が存在するが，それぞれの機能についてはわかっていない．

（viii）神経系

　神経系は肉眼で観察するのは難しい．本質的には脳神経節，足神経節，体腔内

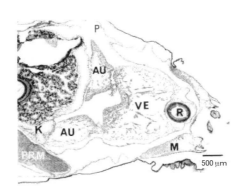

図 3.28　ホタテガイの心臓の内部（小坂，2017）
AU；心房，DG；中腸腺，K；腎臓，M；外套膜，P；囲心腔，PRM；足後引筋，R；直腸，VE；心室．

臓神経節の3種類の神経節が結合して，そこから各神経が出ている．脳神経節と足神経節は隣接していて（図3.29A），口腹部側の中腸腺内にある．脳神経節には1対の球形の平衡胞がつながっていて，左側にある平衡胞には平衡石が，もう1つの右側にある平衡胞には平衡砂が入っている（図3.30）．この器官により，ホタテガイは水平，垂直の加速運動や位置感覚を認識できる．一方，体腔内臓神経節（図3.30B）は生殖巣と閉殻筋の間にあるが，脳内臓神経連鎖で脳神経節とつながっている．体腔内臓神経質からは多くの外套神経が出ている．体腔内臓神経節は左殻側の側葉が大きい形をしているが，これは左殻側の目の数が多いため

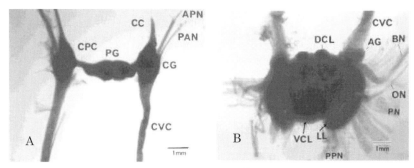

図3.29 ホタテガイの神経節
（A）脳神経節と足神経節（小坂，2017）．（B）体腔内臓神経節．AG：副神経節，APN：前外套神経，BN：鰓神経，CC：脳神経節連鎖，CG：脳神経節，CPC：脳足神経連鎖，CVC：脳内臓神経連鎖，DCL：背中心葉，LL：側葉，PAN：触手神経，PG：足神経節，PN：外套神経，PPN：後外套神経，ON：嗅検器鰓神経，VCL：腹中心葉．

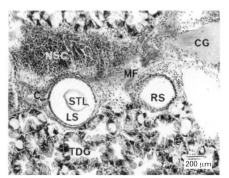

図3.30 ホタテガイの平衡胞（小坂，2017）
CG；脳神経節，LS；左平衡胞，MF；筋繊維，NSC；神経分泌細胞，RS；右平衡胞，STL；平衡石，TDG；中腸腺導管．

と考えられている．

**b. 成　長**

多くの種で貝殻の年輪を数えることにより年齢がわかり，年輪の間の長さをはかることにより，成長率を推定することができる．年齢を推定するほかの方法としては，内靱帯にある輪を数える方法もあるが，この方法で成長率を計算することはできない．

しかし，1年ごとにできた年輪がほかの時期にできた年輪と区別がつかないこともある．たとえば，産卵またはストレスにより年輪ができることもある．とくに，養殖，地まきしたホタテガイは籠の入れ替えや，放流することで貝殻縁辺部が欠けて障害輪ができることがあり，年輪だけでは年齢を判定することが難しい．

一般に餌が豊富で，水温が温暖な春から夏にかけて成長が早いが，陸奥湾では水温が高くなる夏に成長が鈍化するか，成長しなくなるので，夏輪が形成される．サロマ湖産天然貝は夏の高水温と産卵による疲弊で夏輪が，冬の水温低下により冬輪が形成される．水温が高い日が続くと軟体部の重量が減少することもある．オホーツク海では冬に水温が低くなり成長が鈍るか，ほとんど成長しなくなり，冬輪が形成される．

成長は地域や増養殖方法によって異なり，一般に天然貝，地まき貝よりも垂下養殖貝の方が成長は早い．陸奥湾の垂下養殖貝では，0年貝の12月には12 gになり，1年貝の3月には29 g（殻長約5 cm）になり，8月は漸増し，2年貝の3月には140 g（殻長約12 cm）になり，8月までは直線的に増加するが，その後漸増して12月には220 g（殻長約15 cm）に達する．サロマ湖の垂下養殖貝では，0年貝の12月には5.4 gになり，1年貝の5月には12 gになり，6月以降はほぼ直線的に増加し，11月には78 gに達し，それ以降漸増し，翌年4月には87 gになる．その後2年貝の5月には94 gになり，6月以降直線的に増加し，12月には177 gに達する．サロマ湖では冬季水温が氷点下になるため，成長は陸奥湾よりも6ヶ月ほど遅い（図3.31）．

一方，地まき貝は一般に天然採苗された付着稚貝がパールネットで中間育成されたのちに漁場に放流されるが，陸奥湾においては秋または春に放流され，オホーツク海では春に放流される．放流後の成長は，秋放流された陸奥湾の地まき貝では，その年の1年貝の7月には19 gになり，放流1年後の11月には78 gになり，2年貝の翌3月には84 gになり，放流後2年目の11月には170 gになる．オホーツク海の地まき貝では，放流6ヶ月後の11月の2年貝では88 gになり，その後

## 3.2 ホタテガイ（イタヤガイ類）

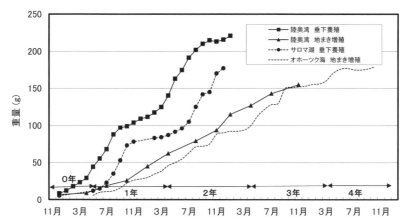

**図3.31** 垂下養殖と地まき増殖におけるホタテガイ，*Patinopecten*（*Mizuhopecten*）*yessoensis* Jay. の成長（青山，1989を一部修正；佐藤ほか，1993；西浜，1994）

冬期間は成長が停滞し，放流2年目の5月では113g，放流2年6ヶ月後の11月の3年貝では152gになり，放流3年目の5月の4年貝では176gになる（図3.31）．オホーツク海の地まき貝は陸奥湾の地まき貝よりも若干成長が遅いが，ほぼ同じような成長を示す．しかし，陸奥湾の垂下養殖貝の成長速度に比べると半分程度である．この要因として考えられているのは，垂下養殖貝は餌となる植物プランクトンが地まき貝よりも豊富にある水深帯で養殖されているためである．

殻以外の軟体部の周年変化をみると，陸奥湾産垂下養殖貝では，全重量が3～7月にかけて急激に増え，それ以降2月までは漸増する傾向にあるが，軟体部指数（軟体部重量/全重量×100）は3～6月までは高いが，8～9月は最低となる．貝柱指数（貝柱重量/全重量×100）は3月から増加していき6～7月にもっとも高くなるが，その後減少していき，1～2月に最低となる（図3.32）．8～9月に軟体部指数が減少するのは，水温が高いためにエネルギーを消耗するためであり，貝柱指数が1～2月にかけて最低になるのは，成熟にエネルギーがまわされるためである．一方，生殖巣は軟体部の中でもっとも変動が大きく，全重量の成長とは一致しない．

### c. 成　熟

6～9月にかけて生殖巣は休止期であって，生殖巣は萎縮し，生殖巣内の濾胞には卵子，精子は形成されず，生殖細胞はみられない．10月から上皮細胞が増殖しはじめる．ホタテガイの生殖巣は，伸縮性のある多数の濾胞からなり，この

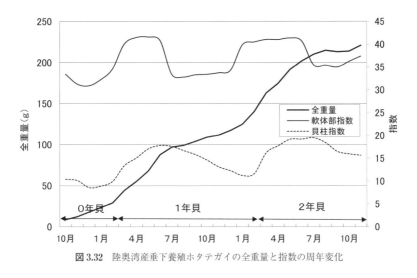

**図 3.32** 陸奥湾産垂下養殖ホタテガイの全重量と指数の周年変化

 濾胞は扁平な上皮細胞と基底膜からできている．濾胞はたがいに結合組織によってゆるく連結している．

 精原細胞は有糸分裂を繰り返して数を増やしていくとともにじょじょに小型化する．増殖分裂を終えた精原細胞の核内では，染色体は対合して核径は 4～5 μm となり，続いて，染色体が赤道面に並んで第 1 成熟分裂に入る．核径は 3 μm ほどである．第 2 精母細胞は引き続き第 2 成熟分裂を行い，核径 1.5～2 μm の精細胞になる．精細胞は，その後，変態して長さ 3 μm，幅 1～2 μm の頭部と，長さ 50 μm ほどの尾部を有する精子となる（図 3.33A）．卵原細胞は増殖期には有糸分裂を行って数を増やす．卵原細胞は染色体が対合すると核径 7～10 μm となり，卵母細胞に分化し，成長とともに細胞質の先端がしだいに濾胞内に突出する形態になる．その後，核径が 15～20 μm になると，核の外周辺の細胞質に卵黄が形成されはじめ，核径 30～40 μm になる．この細胞はいびつな洋梨形を呈し，細胞質全体に卵黄球と油球が均一に分布するようになる．成長とともに卵柄部分がくびれて細胞は濾胞内へ遊離し，核径 25～40 μm，卵径 55～80 μm の第 1 次卵母細胞になる（図 3.33B）．生殖巣には左右の隔壁は観察されないが，濾胞に結合する輸管はそれぞれ左右の共通輸管に通じ，おのおのの左右の腎臓に導かれる．この腎臓は腹側端に開口していて，生殖細胞は腎臓口を通って外套腔に放出され，さらに貝殻の開閉運動によって貝殻外に噴出される．

 ホタテガイの生殖周期は，養殖がはじまる以前の天然貝では，1 年貝ではすべ

**図 3.33** ホタテガイの生殖巣内の生殖細胞の走査電子顕微鏡写真（小坂，2017）
(A) 精巣内の精子．(B) 卵巣内の卵．H：精子の頭部，T：尾部．

て雄で，その後，雌に性転換するとされてきた．ホタテガイが養殖されはじめると，養殖貝の1年貝の雄は成熟するが，雌は成熟しないか，または成熟しても産卵しないと報告されていた．その後，養殖技術が進歩し，ホタテガイの成長が促進されると，性分化，性転換が起こる時期が早まった．9～10月にかけて濾胞が形成されはじめ，まだ未分化の状態であるが，11～12月にかけて分化しはじめ，雄または雌雄同体の個体が出現しはじめる（図3.34）．雌雄同体の性転換期のホタテガイは生殖巣内に成熟した精子と未熟の卵細胞がみられる．翌年の1月になると雌の生殖細胞も発達してきて，成熟個体は1月下旬に現れる．この1年貝でも雌雄ともに成熟し，放精，放卵するが，その放卵数は2年貝の1/10程度である．しかし，1年貝の雌雄の比率は年により異なり，雄の比率が高く，雌雄同体のままの個体がみられる年もある．

ホタテガイの生殖巣の発達に伴う相対的な量的変化は，軟体部重量に対する生殖巣重量の比率で表す生殖巣指数として表すのが一般的である．生殖巣指数はホタテガイの大きさによって異なり，ホタテガイが大きいほど生殖巣の重量が重く，生殖巣指数も高くなる傾向がある．一般に，生殖巣指数が20を超えると成熟期となり，産卵期には生殖巣指数が急激に低下し，産卵終了期には10以下となる．冬期間の水温が高く，餌料が不足すると，生殖巣は発達しなくなる．陸奥湾の0～2年貝にかけての生殖巣指数の周年変化を図3.35に示した．生殖巣指数は10月から水温の低下とともに増加しはじめ，12月以降急激に上昇し，2月上旬～下旬にかけてピークとなり，その後減少していき，6～10月は低いままである．サロマ湖では，10～3月にかけて生殖巣指数は増加し，3～5月にかけて急激に上昇

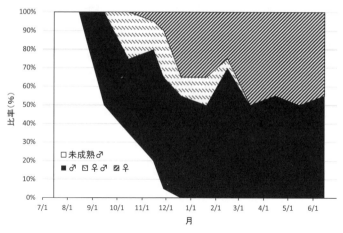

図 3.34　0〜1年貝のホタテガイの雌雄比の変化

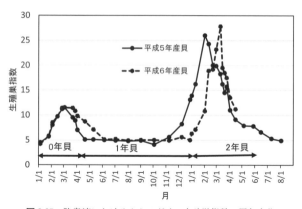

図 3.35　陸奥湾におけるホタテガイの生殖巣指数の周年変化

し，6月以降急激に減少していき，7〜9月までは低いままである．

### d. 産　卵

　ホタテガイの産卵期は，宮城県気仙沼湾では4〜6月，岩手県唐丹湾では4〜5月，青森県陸奥湾では3〜4月，北海道噴火湾では4〜6月，留萌では4〜5月，サロマ湖では5〜6月，能取湖では5〜6月，網走では5〜7月，根室では5〜8月で，水温上昇が早い南方では早く，北上するにつれて遅れて産卵が起こる傾向がある．

　ホタテガイの産卵条件として，産卵臨界温度という概念がある．産卵臨界温度

に達したときに急激な温度刺激で産卵するというものである．北海道産ホタテガイの産卵臨界温度は9℃であると報告されている．陸奥湾産ホタテガイの産卵臨界温度は8.0～8.5℃で，0.5～5℃くらいの急上昇で産卵を誘発されるとされてきた．しかし，臨界温度以下の6℃で室内飼育しても産卵誘発に反応するし，臨界温度に達しない時期でも産卵する年があるので，臨界温度は見直さなければならないことが示唆されている．温度刺激のほかに，紫外線殺菌海水に浸漬しても産卵が誘発される．また，神経伝達物質であるセロトニン（5-hydroxytryptamine）でも放精，放卵が誘発される．

　ホタテガイの生殖巣の発達が良好であったにもかかわらず，出現した浮遊幼生が少なくなるか，発生途中で死亡する個体が多い年がある．この原因は，成熟・産卵期に低水温が続き，水温上昇が遅れて産卵が十分に誘発されなかったために，産卵されないで卵巣内にとどまった卵はじょじょに崩壊していき，産卵誘発が起こったときには生殖巣内には正常な卵が少なくなっているためであると考えられている．

### e. ホタテガイの発生と生活史

(1) 発生

　ホタテガイの卵は，卵巣内では第1成熟分裂中期の段階にあり，卵巣内ではいびつなナス形をしている．水温上昇などの産卵刺激があって，はじめて卵核胞が崩壊して球形となり，体外に放卵される．放卵された卵は海水中で受精し，その後発生しはじめる．受精した卵は減数分裂を起こし，第1極体が放出され（図3.36A），続いて第2成熟分裂がはじまり，染色体の半分が第2極体として卵外に放出される（図3.36B）．その後，雌性前核と雄性前核が融合して接合体核が形成されて発生が進む．水温8～9℃では受精後5時間で極体を放出して卵割を開始する（図3.36C）．受精後10時間で4細胞になる（図3.36D）．

　受精後40時間で胞胚に達し，胚表面に繊毛を生じ，回転運動をはじめるようになる．受精後2日で囊胚に達し，4日でトロコフォア(坦輪子；図3.36E)となって浮上して泳ぎまわるようになる．頂板には長い繊毛があるが，ヴェリジャー(被面子)の初期段階で消失する．続いてヴェラム（面盤）が生じ，左右の貝殻を形成しはじめてヴェリジャー（図3.36F）になるが，その段階までに受精後5～6日を要し，D型に左右の貝殻が全体を覆う（図3.36G）ようになるまで，さらに1～2日必要である．この段階の幼生の体または貝殻には特殊な眼点も色素もなく，かなり透明である．発生後15～16日，殻長120μm前後になると，殻頂が

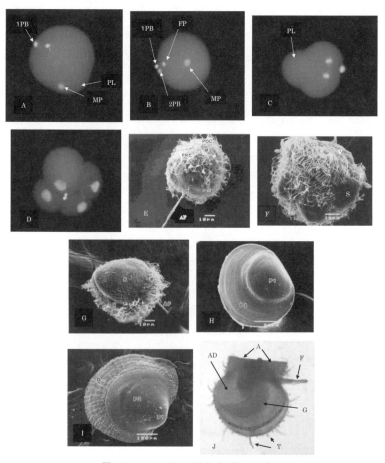

**図3.36** ホタテガイの発生（小坂, 2017）
(A) 第1極体放出, (B) 第2極体放出, (C) 第1卵割, (D) 4細胞期, (E) トロコフォア, (F) 殻が形成されはじめた初期ヴェリジャー, (G) ヴェリジャー, (H) アンボ期, (I) 付着稚貝, (J) 耳殻が形成され足で動きまわる付着稚貝. A, BはDAPI (4',6-diamidino-2-phenylindole) で核染色し蛍光顕微鏡で撮影した. A；耳殻, AD；閉殻筋, AF；頂点繊毛, D；新殻, F；足, G；鰓, P1；第1原殻, P2；第2原殻, 1PB；第1極体, 2PB；第2極体, PL；極葉, FP；雌性前核, M；口, MP；雄性前核, V；面盤, S；殻, T；触手, POC；口後繊毛環, PRC；口前繊毛環, V；面盤.

膨らみはじめ，いわゆる殻頂期（アンボ期）になる（図3.36H）．その後にだんだんに左殻が右殻に比べて膨らみを増し，幼生が成熟に近づき，足がよく発達し，眼点，鰓原基が明確になる．

300 μm 前後になると付着基質に付着するようになる．遊泳中，幼生は足を使って基質について這いまわる．適当な基質が見つかると，幼生は足糸腺から足糸を分泌し，一時的な付着根として使う．稚貝は足の基部の足糸腺から分泌させる足糸を他物に付着するが，ときどき足糸を切って付着基質から離れる．殻長 400～500 μm になってから付着する稚貝もみられるが，多くは 260～320 μm で付着生活に入る．この時期に変態が起こり，大きな形態変化が起こる．面盤，前閉殻筋がなくなり，軟体部は前部に移動し，足も後部から前部に移動する．ホタテガイは浮遊幼生期間に蓄積した食べ物で生活する．この段階までは，水温 10℃ で約 40 日と長期間にわたる．付着直後に，一夜にして特有の周縁殻をつくり，胎殻の頂点部を除いた貝殻外縁部に特有の肋条をもつようになる（図 3.36I）．成体の貝殻には耳殻とよばれる耳状に突出した部分が殻長 1 mm くらいになってから形成される（図 3.36J）．

(2) 浮遊幼生の出現時期と分布

陸奥湾でホタテガイの浮遊幼生が出現するのは，2 月下旬～6 月下旬で，出現数が多いのは 4 月下旬～5 月下旬である（図 3.37）．分布が多いのは東湾の湾奥部であり，分布層は水深 5～15 m 層に多く，最大出現数は 1 万個体/$m^3$ 以上になることもある．噴火湾では，5 月上旬～7 月中旬に出現し，湾南部と湾奥部で分布密度が高く，最大出現数は 1 万個体/$m^3$ で，分布層は 5 m 層付近で多い．サロマ湖では，5 月下旬～6 月上旬にかけて出現し，最大出現数は 6 月にみられ，1000 個体/$m^3$ 以上出現する．一般に，ホタテガイの浮遊幼生は日中に中層に，夜間に表層に分布の中心を移す傾向がある．

(3) 付着稚貝

浮遊幼生は成熟して変態すると，足が発達して付着稚貝となり付着器質に付着する．付着時の殻長は，陸奥湾で 260～320 μm，噴火湾で 250～310 μm（平均 285 μm），サロマ湖で 230～310 μm（平均 263 μm），オホーツク海で 250～300 μm（平均 289 μm）である．

幼生の付着時期は，陸奥湾では 4 月中旬～6 月上旬で，付着盛期は 5 月上旬～下旬であり，サロマ湖では 6 月上旬～7 月中旬で，付着盛期は 6 月下旬～7 月上旬である．オホーツク海での付着開始時期は，サロマ湖とほぼ同じ時期の 6 月上旬～7 月上・中旬で，付着盛期は 6 月中・下旬である．ホタテガイの浮遊幼生の成長は直線的であるのに対し，付着稚貝は指数関数的に成長する．

付着稚貝数は，数百～100 万個体/採苗器と，年により大きく変動する．この

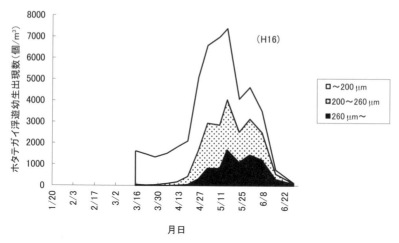

図3.38 陸奥湾におけるホタテガイ浮遊幼生出現推移

変動要因として,親貝の質の問題,成熟・産卵期の水温,餌量,浮遊幼生時の水温などが関係していると考えられている.

(4) 底生生活期

ホタテガイの付着稚貝は,その後,足糸を切って底生生活に移るが,噴火湾での底生生活移行時の殻長は約1 cmで,陸奥湾では殻長6～10 mmに達する7月下旬～8月上旬に底生生活に移行する.

**f. ホタテガイの生息環境**

(1) 分布

本邦産ホタテガイは寒冷種で,千島列島,日本海,サハリン,北海道,北日本,韓国の沿岸の北太平洋,南オホーツク海,亜寒帯に分布する.日本での南限は日本海では富山湾,太平洋では東京湾である.

(2) 水温

受精卵の発生水温は,10～15℃でよく,12℃が最適であり,高水温においては異常発生が多く,低温では発生速度が遅れる.

ホタテガイの浮遊幼生は14℃以上,付着稚貝は22℃以上で,水温が高くなるにつれて,へい死率が高くなるか,へい死するまでの時間が短くなる.

1 cm前後の稚貝にストレスを与えないと30℃の水温に6時間曝しても10%のへい死しかみられないが,ストレスを与えると水温28℃でも14時間以内に,30℃で5時間以内にすべてへい死してしまう.また,30℃の水温に長時間曝され

ると，鰓の繊毛が脱落したり，外套膜の表皮が剥離したりする．

0年貝のホタテガイ稚貝は，十分な餌とストレスがないかぎり25℃（最高水温27.2℃）でも成長する．1年貝は20℃以上で成長が鈍化し，24～25℃台になると成長が停止し，貝の衰弱がみられ，26℃以上になるとへい死する可能性が高まるとされている．2年貝以上のホタテガイでも，水温が20℃以上になると成長が鈍化し，23℃以上になるとへい死する危険性が高まる．

殻長12 cmのホタテガイの鰓繊毛運動の好適水温範囲は5～20℃であり，0℃付近に達すると瞬間的に繊毛運動が止まる．一方，20℃を超え23℃になると，運動は不整になり鰓小片の運動速度は極度に低下する．鰓の匍匐運動速度は6～7℃の低水温期間では高いが，20℃以上の水温期間では低い．

(3) 酸素

酸素消費量は，稚貝は溶存酸素が$0.34 cm^3/L$に，成貝は$2.5 cm^3/L$に減少すると急激に低下し，稚貝は成貝に比べ，軟体部重量あたりの3倍の酸素を消費するので，耐忍性はかなり低い．ホタテガイ稚貝はタライの中で選別するが，15分でタライの酸素飽和度は48％まで減り，稚貝は逃避しようとして活発に泳ぎまわっている．40分後には酸素飽和度が14.7％まで減り，稚貝は殻を開いたまま静かになる．

1年貝の酸素消費量は$8～91 mg O_2$/日で，冬季に極端に低く，軟体部湿重量あたりの酸素消費量は，12℃までは水温が高くなるにつれて大きくなる傾向があるが，16℃以上になると逆に減少する．

呼吸量（$mg O_2$/時間/個体）と軟体部重量（g）［W］の間には，$O_2 = aW^b$の関係がある．aは季節や海域によって変動する係数で，係数bは陸奥湾の養殖ホタテガイでは0.763～0.802で，オホーツク海の放流ホタテガイでは平均0.797であるが，季節によって大きく異なる．

(4) 餌料と摂餌量

ホタテガイの餌料は，微細な浮遊生物，その他有機物で，消化管内容物の観察により，珪藻類44種，原生動物19種，甲殻類，緑藻類，海藻胞子，ウニ幼生などが検出されている．窒素・炭素安定同位体比からホタテガイは浮遊珪藻だけではなく，籠などに付着した底生珪藻も捕食，吸収していることが示唆されている．

ホタテガイの第2次鰓枝表面には多数の繊毛が存在し，この繊毛により海水中の粒子を捕捉する．捕捉した粒子は第1次鰓枝溝に落ちて口に向かう．海水をろ過して粒子をとるのではなく，第2次鰓枝の繊毛と粘液で絡めとるようにして捕

捉していると考えられている．

　ホタテガイが捕捉できる最小の大きさは，ホタテガイの大きさに関係なく，5 μm 以上の粒子は同程度の捕捉率で捕捉できる．5 μm 以下の粒子は粒子が小さくなるほど捕捉率が低下していく．また，粒子の濃度が高くなると，粘液の分泌する量を少なくし，全体的な捕捉量を減らすので，小さい粒子ほど捕捉率が下がる（図 3.38）．一方，捕捉できる最大の粒子の大きさは第 1 次鰓枝の溝幅と関係すると考えられていて，ホタテガイの大きさと溝幅との間には正の対数の相関があり，ホタテガイが大きくなるほど捕捉できる粒子の粒径も大きくなり，ホタテガイが捕捉できる粒子の最大の大きさは 200 μm 程度であると考えられる．

　貝の大きさ別の餌料濃度と捕捉率との関係をみると，1 mm の稚貝ではプランクトン濃度が 1 万細胞/mL でもっとも捕捉率が高くなるが，3 万細胞/mL 以上になると捕捉率が低下し，4 万細胞/mL 以上になると捕食するだけでなく，粘液で絡めて鰓から直接擬糞として殻の外に排出する．殻長 10 cm のホタテガイでは 9 万細胞/mL 以上にならないと捕捉率は低下しない．ろ水率は 1 mm の稚貝では水温 11℃ で 1.23 mL/時/個体であるが，16℃ になると 1.82 mL/時/個体になる．殻長 10 cm のホタテガイでは水温 6～9℃ で，平均 10961 mL/時/個体ものろ水率になる．殻長 1 mm の稚貝は水温 11℃ で $12 \times 10^4$ 細胞/日/個体の餌を食べ，9 mm の稚貝では $5 \times 10^7$ 細胞/日/個体，殻長 10 cm のホタテガイは水温 6～9℃ において $4～5 \times 10^9$ 細胞/日/個体を食べる．

　サロマ湖における 1 年貝のホタテガイの摂餌量は，5～9 月にかけて直線的に

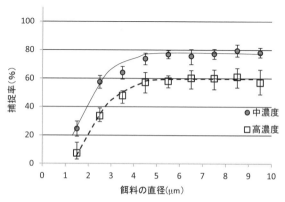

**図 3.38** ホタテガイの餌料の粒径別捕捉率（小坂，未発表）

増加し，9月には最高値の106 mg 炭素/日/個体を示し，10月以降は，水温の低下に伴って減少し，3月には最低値の9 mg 炭素/日/個体であった．

ろ水量は若齢貝のほうが高齢貝に比べて周年高い傾向であるが，若齢貝，高齢貝ともに8～9月にかけてやや低くなる傾向を示すが，6～7月と10～11月にかけてはほぼ一定に推移し，その後12～5月にかけては低くなる．

(5) 底質

平年において，ホタテガイは沿岸に限って分布し，その生息水深は6～30 m，泥粒径0.1 mmより小さい泥の含有率が30％よりも小さな泥まじりの砂礫底に分布するのが普通である．

北海道の「地まき」による増殖は，オホーツク沿岸，根室沿岸，太平洋の鵡川から苫小牧に至る沿岸が中心である．漁場の底質は，一般に「バラス場」といわれる礫質の卓越した底質が好漁場を形成しているが，中には砂泥質で生息密度が高い場所もある．

(6) 流れ

ホタテガイの成育と生理活性に及ぼす流れの影響について成育実験を行ったところ，殻の成長，閉殻筋，生殖巣の指数は，中流（5.2 cm/秒）でよく，強流（20.4 cm/秒）で悪く，強流はホタテガイに生理的ストレスを及ぼしている可能性が示唆されている．また，流速が20 cm/秒付近では摂餌が阻害されることが示唆され，耳吊りの養殖漁場では流れによる摂餌阻害が頻繁に起こっていると考えられている．流速30 cm/秒ではホタテガイが強制的に流されてしまう．また，底質粒度は流速が反映されたもので，流速は上漁場で11.5 cm/秒，中漁場で3.2 cm/秒，下漁場で1.5 cm/秒で，中漁場がもっとも成長が早い．

**g. 生　態**

(1) 閉殻筋と殻体運動

ホタテガイは，外敵が近づいてきたときや環境が悪化したときに，閉殻筋を収縮することによって殻を閉じて貝殻から水を急激に噴出して泳いで逃避するが，その他の条件でも開閉運動（殻体運動）を行う．ホタテガイの貝殻の開閉運動には，あるパターンがあることがわかっている．水温が上昇すると，逃避行動とみられる3～5分間隔での貝殻の開閉幅が大きい開閉をくり返す．高濁度および低酸素のときには，外套腔内の海水交換をするように連続した小刻みな開閉を不規則にくり返す．また，低酸素時には，遊泳行動よりは開閉幅は小さいが，敏速な開閉運動を連続的にくり返す．波が高いときには，もっとも小刻みな開閉運動を

くり返す．速い流れのときには，貝殻を少し開けたまま開閉幅の小さい開閉運動をくり返す．

ホタテガイの無紋筋は「キャッチ筋」としても知られている．「キャッチ」とはドアの留め金のことで，ドアが開かないように「引っかかり」をつくる．「キャッチ筋」も，貝殻が開き切ってしまわないように「引っかかり」をつくる機能をもつと考えられている．「活性化状態」において，有紋筋の滑り運動速度は無紋筋の約5倍であるが，エネルギー消費は約10倍にもなる．「完全弛緩状態」においても「活性化状態」のエネルギー消費の1000分の1程度であるが，有紋筋のほうが無紋筋の3〜4倍になる．

(2) 視覚

ホタテガイの左右の外套膜縁辺部周辺の中褶には多数の目がある．左殻（上）側で約51個，右殻（下）側で約28個，合計約80個の目がある．目は眼柄の先端にあり，眼柄は柔軟性があり，筋繊維の収縮によって水平方向に引くことができる．本邦ホタテガイの眼柄の先端にある角膜の色には赤茶またはメタリックブルーのものがある．この色は種によって異なる．ナンヨウツキヒガイは赤茶，マゼランツキヒガイでは黒，アメリカイタヤガイでは鮮やかな青である．

ホタテガイの目は，角膜，レンズ，網膜（光受容細胞），色素細胞でできた凹面鏡で構成されている（図3.39）．しかし，人間の目とは構造がまったく異なる．人の目ではレンズである水晶体と光受容体細胞のある網膜との間はかなり離れていて，レンズのほぼ焦点位置に光受容細胞が配置されている．しかし，ホタテガイの目の直径は1mm程度であるが，レンズの焦点距離は約1.5mmもある．もし結像がこのレンズのみによるとすれば，外界物体の光学像は半球状の凹面鏡の裏側，それもかなり離れた位置にできることになる（図3.40A）．

ホタテガイの目のレンズでは，入ってきた光は弱いレンズ作用と非球面によって光の波面を若干修正され，後方にあるグアニン色素細胞でできた凹面鏡で反射され，レンズ後方にある光受容体である網膜に結像するようになっている．ホタテガイの目は"シュミットカメラ"のように非球面のレンズと凹面鏡との組み合わせによって，かつ結像面はレンズの後縁近傍にあってほぼ球面となっている．このような構造にすることによって有効視野を増加させることができ，1個の目で100°の視野がある．光受容体の細胞は2層になっていて，レンズ側すなわち末梢側の層上には物体の光学像が結像されるのに対し，凹面鏡側すなわち中枢側の層上にはボケ像ができている（図3.40B）．

レンズ側の末梢側の光受容体は明から暗へのオフ反応を示す．かつ運動する物体にも応答することが明らかにされている．これは物の影などの暗いものがホタテガイの視野を横切ったときや，明るい物体が動いて光受容細胞上で明から暗への光刺激変化が起きるときに反応し，これによってホタテガイは逃避行動を起こすと考えられている．

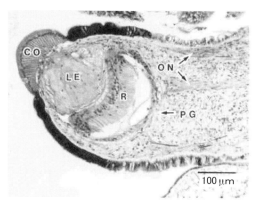

**図3.39** ホタテガイの目の横断面（小坂，2017）
CO：角膜，LE：レンズ，ON：視神経（上部：末梢側，下部：中枢側），PG：色素細胞からできた凹面鏡，R：網膜（光受容体）．

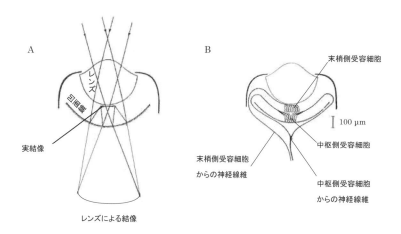

**図3.40** ホタテガイの光学系（Land, 1966）
（A）レンズによる結像と実結像，（B）受容細胞と視神経の関係．

もう1つの反射鏡側にある中枢側の光受容体は，照明の点灯中に反応するオン反応を示し，かつ刺激の継続している間に継続的にインパルスを発して応答する．これは一種の露出計のはたらきをもち，ホタテガイが明所あるいは暗所へ遊泳しようとするときの走行性に関係していると考えられている．

　なお，ホタテガイの目の凹面鏡部を電子顕微鏡で調べると，その断面は屈折率の高い細胞層（グアニンの結晶で $n = 1.83$）と低い細胞層（細胞質で $n = 1.34$）とが交互に積み重なって多層膜になっているのが観察される．しかも，各層の厚みは光路長（屈折率と厚さの積）にしていずれも光の波長の1/4になっている．このような構造をもつ多層膜の反射は金属の反射面と違って吸収がなく，エネルギーの利用効率がよいので工業用にはすでに多方面で利用されているものもある．

　シュミットカメラ型の光学系をもつホタテガイの目の視野は100°もあるが，左右・前後の360°の視野をみるのであれば数個で十分である．しかし，左右はともかく，上下（左右）に眼柄を動かすことができないホタテガイにとって上からの敵を感知するためには100°という広視野が必要と考えられる．また，末梢側の光受容細胞はともかく，中枢側の光受容細胞はそのはたらきが露出計であるとすれば5000個もの多数の光受容細胞は不必要であるが，これに対する回答はいまのところない．

　ホタテガイの2層の光受容細胞については，末梢細胞層は光学系のちょうどピント位置にあるが，中枢側は少し外れた位置で明るさを平均化し，その上で露出計の役割を果たしている．このことは光学系としてみると，ちょうどカメラのピントあわせ装置と露出計を一体化させたようなものである．

### h. 遺　伝

　本邦産ホタテガイの遺伝的類似度をアイソザイムで各地の集団で比較した結果，地理的に離れると遺伝的にも離れるが，その差異は地方品種のレベルであり，本州内の集団と北海道噴火湾の集団はかなり遺伝的に離れているが，本州内では地理的に遠くなるにしたがって遺伝的に離れることがわかっている．しかし，地まき貝の地理的関係と遺伝的関係はよく合うが，垂下養殖貝では地理的関係と遺伝的関係がみられない．これは，地まき貝と垂下養殖貝では生存性が遺伝子型で異なるためである．また，養殖ホタテガイにおけるホモ接合体の過剰や遺伝的変異と生存性の関係，量的形質関係も調べられ，ヘテロ接合の生存性が高く，貝柱の経済形質も高いことがわかっている．

　サロマ湖産と陸奥湾産ホタテガイのミトコンドリアDNAを分析し，東北，北

海道,ロシア南沿海州の地域がたがいに分化していることが示されている．また，サハリン産，オホーツク産，北海道日本海産，陸奥湾産のホタテガイにおいてミトコンドリアDNA多型解析で遺伝的多様性を評価したところ，北海道海域の遺伝的分化が狭い範囲で生じていた．この原因としては，人為的な遺伝的攪乱が有力であり，元来北海道集団が有していた海域単位の分集団が移植，放流により攪乱された可能性があると示唆されている．

　岩手県産種苗の天然採苗種苗の遺伝的類縁関係を推定したところ，付着期の前半に付着した種苗は東北地方産の貝に，付着期の後半に付着した種苗は北海道産の貝に遺伝的に近い関係を示し，産卵に関する形質は強い遺伝的支配を受けていることが示されている．

　一般的に，本邦産ホタテガイの雌は雄よりも生存性が高く，成長が早いことがわかっている．染色体数は，$n = 19$，$2n = 38$ で，核型は7対のM型あるいはSM型，9対のST型と3対のT型染色体より構成されている．　　〔小坂善信〕

文　　献

Alejandrino, A., L. Puslednik et al.(2011). BMC Evol. Biol., **11**, 164.
Beninger P. G. and M. L. Pennec（2016）. Scallops: Biology, Ecology, Aquaculture, and Fisheries 3rd ed.（S. E. Shumway and G. J. Parsons（eds.）), 85-159, Elsevier.
速水　格・松本政哲（1998）．化石，**64**，23-35.
Jeanne, M. S.(2016). Scallops: Biology, Ecology, Aquaculture, and Fisheries 3rd ed.（S. E. Shumway and G. J. Parsons（eds.）), 1-29, Elsevier.
小坂善信（2017）．青産技セ水研研報，**10**，31-150.
小坂善信（2017）．水産増殖，**63**（3），271-287.
丸　邦義・小坂善信（2005）．貝類・甲殻類・ウニ類・海藻（森　勝義 編），131-170, 恒星社厚生閣．
Matsumoto, M. and Hayami, I.(2000). J. Molluscan Stud., **66**, 477-488.
Waller, T. R.(1991). Scallops: Biology, Ecology and Aquaculture（S. E. Shumway and G. J. Parsons（eds.）), 1-73, Elsevier.
山本護太郎(1964)．水産増養殖叢書6　陸奥湾におけるホタテガイ増殖, 日本水産資源保護協会．

# 4 カキ・ホタテガイの養殖技術

## 4.1 マガキ

### 4.1.1 マガキの漁業と養殖の歴史

　マガキ養殖の歴史は非常に古い．一説には，いまから460年ほど前の天文年間（1532〜1555年，戦国時代）に養殖がはじまったともいわれるが，これはいささか伝承の域を出ない．しかし，江戸時代初期に安芸国（現在の広島県西部）で養殖がはじめられたのは確かであるようだ．とくに，カキ養殖の歴史を変える画期的な技法である「ひび建て養殖」は，延宝年間（1673〜1681年），佐伯郡草津（現在の広島市西区草津地域）の小林五郎左衛門（小西屋五郎八）によって創始されたといわれる（木村ほか，2003）．このひび建て養殖の普及，発展により，安芸国のカキ生産量は飛躍的に増大し，人口の多い消費地へカキが出荷されるようになった．とくに，当時「天下の台所」といわれた大坂（大阪）には，瀬戸内海航路を使って大量のカキが送られたと考えられる．寛政11年（1799年）に出版された『日本山海名産図会』という当時の全国の物産を製造法や漁法とともに図解した書物がある．その巻3にカキに関する以下の記述と図がある（図4.1）．「畿内に食する物，皆芸州広島の産なり．尤名品とす．播州，紀州，泉州等に出す物は大にして自然生なり．味佳ならず．又武州，参州，尾州にも出せり．広島にて蓄養て大坂に集る物，皆三年物なり．故にその味過不及の論なし．」すなわち，江戸時代後期には広島産の養殖ものが市場に出回っていること，その他の地域の産品は天然ものであること，そして養殖もののほうが味がよいと評価されていることがわかる．

　カキ類の養殖方式については，4.1.3項で詳述するが，ここではひび建て養殖について簡単に紹介したい．理由は，ひび建て養殖はすでに歴史となった養殖法であるが，カキ養殖に果たした役割はとても大きいからである．

**図 4.1** 『日本山海名産図会』にある安芸国ひび建て養殖の図（日本古典籍データセット，国文研など所蔵）

　ひびとは，もともとノリやマガキの種苗（種ガキ）を付着させるために海中に立てた竹や木のことで，地域によっては「シビ」ともいう．江戸時代の中ごろ各地でほぼ同時期に用いられはじめたようである．もっぱら，ノリ用としてひびが使われた地域が多かった中で，広島湾の沿岸に数多くあった干潟では海中の目印などに用いていたひびにカキの種苗が付着しているのをみて，いわゆるひび建て養殖が考案されたといわれる．どこで，またはだれがはじめたのかについては諸説ある．先に紹介した草津の小西屋五郎八も候補者の1人である．

　具体的なやり方は，まず干潟にブリとよばれる木製の道具で穴を掘り，竹ひびを立てる．時期はカキの産卵前の5月上〜中旬ごろである．7〜8月までに稚ガキが付着するので，その後干潟のトヤ場に移動する．トヤ場とは種苗の中間育成場のことである．そこで約1年間育てたカキを打ち落として集め，イキ（活）場に移して育成する．イキ場ではいわゆる地まき養殖を行うことになる．この期間は1年から1年半で，ときどきカキを攪拌して偏りがないようにならしたりした．地域によっては，打ち落としたカキを選別して大きなものは実（身）入れ場とよばれる成育が早くなる場所に移して2年目の冬に販売し，小さいものをイキ場で育成するなどの工夫をしている．標準的な養殖場所では，収穫まではおよそ2年半を要した．先に紹介した『日本山海名産図会』で「三年物」といっているとおりである．このようにひび建て養殖は種苗（種ガキ）の採集と地まき養殖を組み合わせたすぐれた方式である．広島では，江戸時代から大正末期まで，約250年行われた．ちなみに，「ひび」は簗の1種として魚をとるのにも用いられる．かつて広島では，八重ひびとよばれるカキ用のひびよりも横長に多数の竹を組んだ道具が魚とりに用いられており，これにも種ガキが付着した．『日本山海名産図会』

の挿絵（図4.1）に描かれているのは，実はこの八重ひびからカキを打ち落としているところである．

　広島県に次ぐ生産量を誇る宮城県もカキ養殖の歴史は古い．一説によれば，江戸時代のはじめごろ，松島湾の湾口部に広がる浦戸諸島の1つの野々島（現在は塩竈市に属する）において，内海庄左衛門という人が自然の岩場に多数付着していた稚貝をはがして浅瀬にまいて育成したのがはじまりとされる．いわゆる地まき養殖である．その後は，広島方式の養殖法を取り入れるなどして増産をはかった．そして，宮城県のカキ養殖で特筆すべきことは，宮城新昌と阿部善治によるカキ殻を付着器として用いる垂下式採苗法の開発である．1923～1924年のことである．これにより，種ガキを大量に採取できるようになった．さらに宮城は，水産講習所（現在の東京海洋大学）の妹尾秀実と堀重蔵によるカキの垂下式養殖法の開発に協力し，これを事業化して全国に普及させる素地をつくっている．その結果，わが国のマガキの養殖生産量は飛躍的に増大して，1941年には6万t以上を生産した．

　宮城は，1925年ごろから宮城県石巻市の万石浦で採苗した種ガキを北アメリカ太平洋岸に輸出することもはじめている．アメリカ地域への種ガキの輸出は明治時代から試みられていたが，採苗が不安定だったこともあって継続的ではなかった．宮城は，カキ殻に付着した稚貝を船の甲板に置いて運搬すると，へい死することなく長旅に耐えることを見出し，確実に輸出できるようになった．

　1960年代中ごろ，フランスを中心とする西ヨーロッパにおいて在来種のヨーロッパヒラガキやポルトガルガキの大量へい死が発生し，現地のカキ養殖業界は大きな打撃を受けた．そこで，1967年に日本からマガキの種ガキを試験的に輸入して適性を調べた結果，死亡個体が少なく成長も良好であったことから，本格的な種ガキの輸入がはじまり，1979年まで継続した．フランスのカキ養殖は復活し，現在でもフランスで養殖されているカキの主力は日本から輸出されたマガキの子孫である．2011年3月の東北地方太平洋沖地震に伴う津波により，宮城県のカキ養殖現場が壊滅的な被害を被った際に，三陸のカキ養殖復興のために「フランスからの恩返し」として養殖に必要な資材などがフランスから大量に送られたのは，先に述べたような歴史的経緯に基づいている．　　　　〔高橋計介〕

### 4.1.2 マガキの種苗生産
#### a. カキ種苗生産の歴史

本邦で養殖されているカキは大部分がマガキである．カキの種苗は種カキといわれる．大正時代以前の種カキ生産は，その後の養成がおもにひび建て式や地まき式だったことから，漁場にひびを立て，稚貝を付着させたあと，育成し，収穫あるいは漁場に散布し，肥育を行ったあとに収穫する方法や，漁場にカキの付着を促す小石などを投入するなどの方法がとられた（宮城県，1994；楠木，2009）．

神奈川県で大正末期（1927年）に垂下養殖法が開発され，それと前後して宮城県や神奈川県で採苗器を垂下することで採苗する方法が開発された（宮城県，1994；大泉，1971）．このころから，海外にも輸出されるようになり，アメリカ合衆国へは途中第2次世界大戦による一時中断をはさみ60年間，フランスへは15年間輸出された（図4.2：宮城県，1994）．その後，輸出されたマガキが現地で自然繁殖により定着し，天然採苗や人工採苗により種苗生産されるようになるとともに種カキの輸出は終了した．

この項では，種苗生産として，浮遊幼生を採苗器などに付着させ，着底稚貝を得るまでの採苗と，一般的に中間育成といわれる養殖に供されるまでの工程について説明する．

#### b. 天然採苗による種苗生産
(1) 天然採苗

現在，国内で，種カキはおもに天然採苗とよばれる方法で生産されている．これは養殖漁場で養殖されているカキや，天然のカキが成熟，産卵し，これに由来する幼生が植物プランクトンなどを摂餌しながら成長し付着期を迎えるころに，

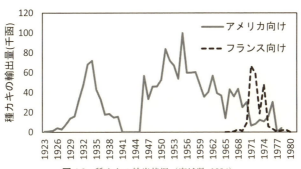

**図 4.2** 種カキの輸出状況（宮城県，1994）

人為的に漁場に投入した採苗器に，幼生を付着させることによってカキ稚貝を得る方法である．

天然採苗による種カキ生産が産業として成立する場所は，宮城県の仙台湾沿岸，瀬戸内海広島湾などのごく限られた海域である．種カキの総採苗数については統計がないが，販売量については，宮城県，秋田県，三重県，鳥取県，島根県，広島県，徳島県，愛媛県および長崎県で統計資料があり，各県が占める割合は，2015年では宮城県が74％，広島県が18％，三重県および長崎県がそれぞれ3％および2％であり，宮城県および広島県が種カキの販売シェアの大部分を占めている（農林水産省，2015）．ここでは宮城県仙台湾の事例により天然採苗を説明する．

(2) 仙台湾の環境的特徴

仙台湾は宮城県石巻市の牡鹿半島黒崎と福島県相馬市鵜ノ尾崎間を結ぶ線の陸側の海域で，このうち仙台湾の支湾である松島湾以東は（図4.3），種カキの一大生産地である．これらの海域では，以前より松島湾や，松島湾東方の石巻湾，石巻湾の支湾である万石浦などで，県内のおよそ60％ものカキが生産され（図4.4：東北農政局，2001-2006），親貝となるカキの現存量が非常に多い．

小金沢（1978）は，この海域について，夏のカキ産卵期を中心に海洋構造の点で閉鎖的様相を示しやすい条件を備えており，仙台湾に面している松島湾，万石浦などはアマモが密生していて，これらの枯死分解により，カキ幼生の餌となる植物プランクトンの増殖に必要な無機栄養塩が供給されることから，天然採苗に

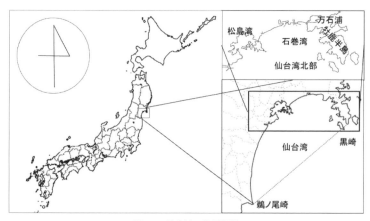

図4.3　仙台湾の位置関係

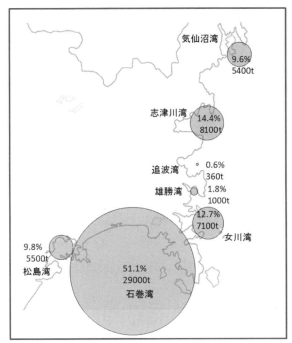

**図 4.4** 湾別 2002〜2006 年の 5 カ年平均カキ生産割合（殻つき換算）（東北農政局，2001-2006）
追波湾は長面浦を，女川湾は鮫浦湾を，石巻湾は牡鹿半島西側漁場，万石浦，鳴瀬を含む．

適した海域となっていることを報告している．

(3) 採苗器

天然採苗で用いられる採苗器として，海外に種カキが輸出されていた時代ではカキ殻がおもに用いられた．これは，種カキを箱に収容して輸出していたため，切り詰めしやすく，また，輸出先ではおもに地まき式で生産されていたことから，散布しやすいようにすることが目的であった．その後，国内仕向けが増加するとともに，ホタテガイ貝殻の採苗器の割合がじょじょに増加し，現在ではホタテガイ貝殻がおもに用いられている（宮城県，1994）．

ホタテガイ貝殻を採苗器として用いる利点は，カキ殻よりも堅牢で，養殖途中の破損による脱落が少なく，形が均一であり養殖の管理が楽なことなど利便性にすぐれることにある．ホタテガイ貝殻の中央にドリルで穴を開け，長さ 2 m の 15（約 1.8 mm）または 16（約 1.6 mm）番の鋼線（番線といわれる）に，殻の大

**図 4.5** ホタテガイ貝殻を用いたカキ採苗器（A）と採苗器の投入風景（B）および樹脂製採苗器の投入風景（C）

きさによって60～80枚のホタテガイ貝殻を，殻が重ならないように長さ2～3cmの塩化ビニール管と交互に通し使用する（図4.5A）。この1組を「一連」とよび，統計などにはこの数が用いられる（宮城県，1994）。また，このホタテガイ貝殻を原盤とよぶ．

近年，一粒カキの需要が増加しており，籠を用いた養殖も行われるようになってきた．このため，採苗器に付着させたカキ稚貝を剥離しやすい樹脂製の採苗器（図4.5C）も一部で用いられるようになっている．これらの樹脂製の採苗器は，当初，輸入品が主体であったが，国産品も増加しつつある．

(4) 産卵母貝と産卵

小金沢（1978）は，仙台湾の支湾である松島湾において，小型の幼生の出現数が親貝量に依存していることを指摘しており，採苗を行う海域の親貝の現存量は非常に重要である．仙台湾では前年に採苗された1歳カキおよび前々年に採苗された2歳カキがそれぞれ養殖されている．このうち，2歳のカキは個体重量も大きく，親貝としての貢献度が高いとされている（小金沢，1978）。マガキでは，海水温度の積算値と生殖細胞の成長度合いとの間には関係のあることが知られており，これを生殖巣の成熟に関する積算温度 $T$ とよび，日ごとの環境水温を $T_i$ とすると $\Sigma (T_i - \theta)$ ℃で表されている．松島湾では，マガキの生殖腺は海水温度が10℃以下の冬期間には生殖活動が休止の状態を示すが，春になり海水温度が10℃を超すと，生殖細胞の分裂，増殖，成長を盛んに行うようになる．この10℃を基準値 $\theta$ として計算すると $T = 600$℃ が求められ，この値を放卵・放精の目安としている（菅原ほか，1994）。マガキでは成熟が進むと，生殖巣が非常に

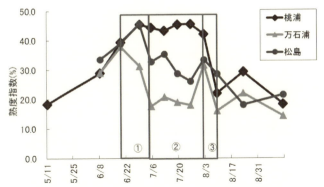

**図 4.6** 2007 年の仙台湾各地点におけるカキの熟度指数の推移
松島湾,万石浦,桃浦(牡鹿半島西側)のサンプル.松島湾と万石浦は木架台の簡易垂下方式,桃浦は延縄式.①松島湾,万石浦で熟度指数の低下を伴う大規模な産卵が発生.②松島湾,万石浦では熟度指数の低下を伴わないが,生殖巣には直近の産卵痕跡が確認されこれらの地点では再成熟と産卵がくり返し起こっていたと考えられる.この間桃浦のサンプルでは産卵痕跡もなく,成熟状態が維持されていた.③桃浦のサンプルで熟度指数の低下を伴う大規模な産卵が発生.

発達し,内臓や諸器官が体中央部に押し縮められた格好になる.これを利用し,熟度指数として軟体部の横断面の長径から内臓径を差し引いた生殖巣と内臓径の比を指数化することで,簡便に成熟状況や産卵の有無を比較できる(宮城県,1994).宮城県水産技術総合センター(以下センターという)では,例年カキの生殖巣の成熟状況について調査を実施し,関係団体へ養殖通報として情報提供を行っている.仙台湾で養殖されているカキのうち,浅海の万石浦や松島湾はほかの水深がある漁場に先立ち7月初旬ごろに産卵が起こり,その後牡鹿半島などの漁場にあるカキが続く(図4.6).産卵は,水温の上昇や,低気圧による降雨,波浪や海水攪拌など物理的な刺激によって起こる.

東日本大震災以前では牡鹿半島西側の海域ではおもに 2 歳のカキが生産されていたが,震災後,生産サイクルが変わり 1 歳貝が中心に生産されるようになっている.この状況を反映しているかは定かではないが,2012 年以降仙台湾では幼生の出現数が低下する傾向にあることから(伊藤,未発表),今後に注意が必要である.

(5) 幼生の出現と幼生調査

天然採苗では,幼生の成長と集積は非常に重要な情報である.宮城県では,沖

合域をセンターが，地先の採苗施設周辺は宮城県漁業協同組合各支所の研究会などの生産者団体が主体となった調査を行い，センターがこれらの情報をとりまとめ，通報として発行することで幼生の集積状況や発生状況の情報共有を行っている．

幼生調査は，海水温，比重を測定し，北原式定量プランクトンネット（XX13）を水深 2.5 m から表層に垂直に曳き，100 L 柱状水塊中のカキ幼生を殻長 50 μm 毎に大きさ別で計数する方法で行い，殻長組成と分布を追跡しながら付着の予測を立てる．

マガキが放卵・放精して 80～90% 以上の受精率が得られる温度範囲は 15～30.5℃であり，受精後，分裂・発生が正常に進行して受精卵の 80～90% が D 型幼生に達する温度範囲は 19～27℃で，一般にこれらの海水温度範囲の下限では発生の進行が遅延し，さらに付着期に至ると付着率が低下する傾向が観察される（沼知，1971）．幼生の浮遊期間はこのように水温条件により異なるが，仙台湾でおおむね幼生の成長の目安は表 4.1 のとおりである．幼生が成長し採苗器に付着するまでの 2～4 週間の，幼生出現から付着幼生までの減耗は非常に大きく，採苗に結びつくのは有効放卵数 100 万個に対してわずか 2.6～4.8 個とされる（菅原ほか，1994）．

センターでは，沖合の幼生調査で殻長 250 μm を超える大型幼生が，おおむね 10 個体/100 L を超える密度で確認された時点を，採苗器投入の目安として指導を行っている．図 4.7 で示したものは，2011 年の採苗適期の幼生分布図（田邉，2012）であるが，各地点で大型幼生が多数確認され，この前後に投入された採苗器にはいずれの場所でも採苗器あたり 1 日で数百を超える大量の稚貝付着がみられた．

**表 4.1** マガキ幼生の付着までの所要日数の目安（宮城県，1994 改）

| 区分 | 殻長（μm） | 付着までの所要日数 | | | 次期幼生段階までの所要日数 |
|---|---|---|---|---|---|
| | | 早いもの | 普通 | 遅いもの | |
| 受精卵 | 50 前後 | 13 | 14～15 | 18 | 1～2 |
| D 型幼生 | 70～90 | 12 | 12～14 | 16～17 | 3～4 |
| 小型アンボ期幼生 | ～150 | 9 | 9～10 | 12 | 3～4 |
| 中型アンボ期幼生 | ～220 | 6 | 7～8 | 8～9 | 3～4 |
| 大型アンボ期幼生 | 220～ | 3 | 3～4 | 4～5 | 2～3 |
| 成熟幼生（眼点が確認されるもの） | 300 前後 | 1 | 1～2 | 2 | 1～2 |

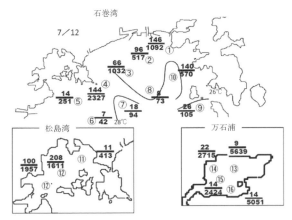

**図 4.7** 2011 年 7 月 12 日に行ったマガキ幼生調査の結果
各数値のうち，下段は 100 L あたりの全幼生数，上段は殻長 250 μm 以上の大型幼生数を示す（田邉，2012）.

**図 4.8** 木架台を用いたカキ採苗器の床上げの状況
(A) 平積型（万石浦），(B) 垂下型（松島湾），なお B は床上げと採苗を兼ねる場合もある.

(6) 採苗

地先の幼生調査で大型幼生が観察されるようになると，採苗器の投入が行われる．これは，沖合に設置した延縄式の養殖施設（図 4.5）や内湾の木架台（図 4.8）に採苗器を垂下することで行われる．適期に投入された採苗器にはわずか数時間で付着が確認され，投入後 2〜3 日ごろまでは付着数が増加する．しかし，その後，珪藻の付着や，浮泥の堆積などによって採苗器の表面が汚れるに従い付着数は低下する．とくに，干出しない延縄式養殖筏に垂下した場合は顕著であり，おおむね 2〜3 日を過ぎると新たな付着はほとんどみられない．このため，2〜3 日で付

着が確認されない場合は採苗器を回収し，再度使用するために天日干しなどの処理が行われる．

付着効率を向上するための研究も行われているが（平田，1998），採苗規模に限りがある人工採苗では有効でも，採苗規模の大きい天然採苗での実施は困難と考えられる．しかし，近年，採苗不良が問題となっている産地もあり，今後，採苗器の処理などによる付着効率の改善など，より簡便に行える方法の検討は重要な課題となるだろう．

かつては，万石浦や松島湾などの極浅海で，杭打ちによる木架台に採苗器を垂下する簡易垂下式の固定採苗といわれる方法が主流であった．しかし，仙台湾のカキ幼生の離合集散の状況が明らかとなるにつれ，水深がある水道部や，沖合の漁場に設置した延縄式の養殖筏に採苗器を垂下し稚貝を付着させたあと，湾内の木架台で後述する抑制を行う移動式採苗が行われるようになり（宮城県，1994；菅原ほか，1994）．現在では，松島湾内の一部をのぞき，この移動式採苗により採苗が行われている．

(7) 床上げと抑制

この工程は，一般的な養殖用種苗の生産工程では中間育成に相当する．採苗器投入後，数日で付着が肉眼で確認できるようになり，さらに1ヶ月程度経過すると，稚貝の殻長が5～10 mmに達する．これをそのまま垂下し続けると，12月中旬には30～50 mmまで成長し，早種として出荷できるが，このようにして成長した種苗は長期輸送の過程で損傷しやすくへい死しやすい（宮城県，1994；大泉，1971；菅原ほか，1994）．このため，付着稚貝が5 mm程度を超えたところで床上げ処理を行う．床上げは，潮間帯に設置した木架台に採苗器を垂下または横置きし，干潮時に採苗器が干出される環境下に設置することで行われる（図4.8）．採苗器の設置位置は，漁業者の経験により決められるが，おおむね平均海面程度となるよう調節されることが多い．

床上げは，浸水している時間を短縮して成長を抑制するとともに，種カキを日光や風波にさらして厚い貝殻を形成させる目的で行われ（宮城県，1994；大泉，1971；菅原ほか，1994），輸送時の干出に耐える個体とすることや，成長を抑制し輸送時の脱落を防止すること，あるいは水揚げ時期の調整などを目的として行われる．短い場合は採苗後秋期に出荷されるまでの数週間，長期の場合は翌春まで半年以上も潮間帯で保管される．一連の作業は抑制といわれ，抑制された種苗は，本養殖に移ってからの成長がきわめてよく，環境に対しても抵抗力の強い種

苗となる（宮城県，1994；大泉，1971；菅原ほか，1994；小笠原ほか，1962）．

　床上げの設置方法は，図4.8に示したとおり大別すると平積型と垂下型の2通りに分かれる．平積型は浅海に組んだ木架に採苗器を横積みに3〜4段積み重ね，ロープで固定したものであり，垂下型は連を2つに折り曲げ中央をロープで吊り下げる方法で行う．平積型は，均一な干出によって連の上下で個体サイズや密度に著しい差が生じることは少ないが，垂下型では上部と下部では干出時間が異なることから，1連の上部は抑制が強く低密度で小型の個体，下部は高密度で大型の個体となる場合が多い．また，垂下型は重心の問題で比較的安定しているのに対し，平積型は，構造上高重心となり架台に負荷が大きくなることから背の高い施設，水深がある場所の設置が困難である．宮城県では，水深が2m前後の万石浦では平積型の床上げが一般的であるが，水深が3mを超える松島湾では垂下型の床上げが多い．

**c. 人工採苗による種苗生産**

　人工採苗とは，天然で成熟した個体や，人為的に成熟させた個体に対して産卵誘発や生殖巣から人為的に切り出した卵と精子を混合して得た受精卵を，水槽中で発生させたあと，回収した浮遊幼生に対して培養した単細胞性の珪藻などを給餌し，成長した幼生を付着基質などに付着させることで着底稚貝を得る方法で，中間育成を経て養殖用の種苗とされる．もともとマガキが生息していなかった欧米など海外では盛んである．

　貝類の人工採苗技術は古くから開発が進められ（今井ほか，1971），現在でも使用される餌料プランクトンや飼育原理は基本的に変わらない．大きな海水取水施設を備え，餌料藻類の連続培養により安定した餌料確保を確立し，大量に種苗生産を行うプラントを有した企業も増加しつつあり技術的にはすでに確立されているといえる．

(1) 採苗方法

　卵生型のマガキ属では成熟した個体の生殖巣に切れ目を入れ，卵を回収洗浄したのち，同様に回収した精子懸濁液を添加し，受精させる．マガキでは，20〜21℃ならば25〜28時間で第1原殻を有するD型幼生となる（沼知，1971）．D型幼生以降は殻を有した幼生であり，ネットなどを用いた選別や洗浄が可能になる．このD型幼生を回収し，付着期に至るまで餌料用プランクトンを給餌しながら，飼育水温が25〜26℃の場合，約2週間程度飼育する．流水で飼育する場合と止水で飼育する場合があり，餌料用プランクトンが潤沢に得られる場合は，

比較的高密度で飼育が可能な前者で飼育されることが多い.

殻高 270 μm 程度で眼点が観察され,その後足が発達し成熟幼生となった時点で採苗器に付着させる.このとき,粉砕した粒径 200 μm 程度のカキ殻粉末に付着させる方法(一粒カキ採苗)と,天然採苗と同様に採苗器に付着させる方法(原盤採苗)により付着稚貝を得る.

得られた稚貝は,数 mm まで水槽内で飼育したのち,原盤採苗の場合はそのまま垂下,一粒カキ採苗の場合は,籠に入れて垂下するあるいは浮上式アップウェリングシステム(藤田ほか,1984)を活用し中間育成を行う.

(2) 人工採苗の活用

人工採苗は,コストがかかる反面,三倍体種苗が作出できる有用な方法である.マガキの場合,産卵期の夏期に生殖巣が肥厚するが,簡単な刺激で産卵が誘発され,産卵後はいわゆる水カキといわれる状況となり,商品価値が低下する.しかし,染色体操作を行った三倍体カキでは,生殖巣がほとんど発達せず,産卵による身入りの低下も起こらないことから,品質低下が起こらない.国内では広島県のごく一部に限られているが,欧米では一般的に生産されており,オーストラリアでは生産のおよそ3割程度を占める(Maguire et al., 2008).

三倍体の作出は通常,受精卵の加圧や加温処理などの物理刺激や,サイトカラシン B などの薬剤を用いて極体の放出を阻止し倍化させる方法と(古丸,1988),四倍体と二倍体の交配による三倍体作出がある(Eudeline et al., 2000).四倍体の作出は,三倍体の二枚貝類でも一部配偶子を形成すること(古丸,1988)を利用し,三倍体由来の卵と二倍体由来の精子からなる受精卵を,三倍体作出と同様の処理により極体の放出を阻止することで行う(Eudeline et al., 2000).マガキがもともと生息していなかった欧米およびオーストラリアでは,ほぼ後者の方法で作出されている(Maguire et al., 2008; Lavoie, 2006; Buestel, 2009).

### d. 種カキの食害など

種カキを食害する生物としては,穿孔性の腹足類があげられる.これらは,輸出黎明期に種カキとともにもち込まれたアメリカ合衆国のカキ養殖場で繁殖し,大きな被害を与えた.また扁形動物のヒラムシが,貝殻間より侵入し食害するものと,穿孔食害するものとして知られている(楠木,2009).

近年,瀬戸内海を中心として魚類による食害が深刻となっている.おもにクロダイによる食害が報告されており,ムラサキイガイの付着が減少するとともに,

食害が顕著になったといわれている（齋藤ほか，2008）．

**e. カキの種苗生産の展望**

　天然採苗では，多いと原盤1枚あたり1000個体を超える稚貝が付着する．これを，床上げにより50個体前後に間引き，その後，本養殖に供し最終的に原盤1枚あたり10〜30個体程度が生産される．近年，多くの海域で夏場のへい死が問題となっており，床上げ処理による抑制工程を経た天然種苗に対する要望は強いものがある．また，種苗生産に係る経費は少なく，単価が安いことから，大胆な選別が可能であり，今後も有用な方法として残るだろう．しかし，作況は自然環境に左右される．事実，東日本大震災で種苗供給地であった宮城県が被災し，種苗価格が震災前の10倍近くまで高騰したこともある．加えて，親貝集団は養殖カキとはいえ，ほぼ野生集団であり，育種種苗の採苗は困難である．さらに，国内ではマガキは最優占種であり，日本海側の一部を除いてマガキ以外のカキの天然採苗は難しい．

　一方，種苗生産には餌料プランクトンの安定的な入手や，海水の処理施設，調温施設など，維持および運用にコストがかかり，種苗単価が高くなることから，へい死などが発生した場合は大きな損失を被ることとなる．もともとマガキが生息していなかった欧米やオーストラリアでは，現在人工採苗による生産が天然採苗と同等もしくはそれ以上の割合で行われ，また三倍体の生産も非常に盛んである（Maguire *et al*., 2008; Lavoie, 2006; Buestel, 2009）．一方，国内では人工採苗によるカキ種苗の生産割合はきわめて低く，三倍体の生産もごく一部に限られている．また，マガキが外来種ではない本邦で，四倍体のマガキや，人為選抜を行った品種，完全な不稔性ではない三倍体のマガキを開放系で飼育することは，種の保全という意味でも看過できない．しかし，近年カキの消費形態が多様化しており，とくに欧米型のオイスターバーの普及は，カキ1個あたりの単価向上に寄与すると考えられ，マガキ以外のカキ類も含めさまざまな種類，形や品質などに影響を及ぼす系統選抜群，出荷時期を問わない三倍体の生産などに向けた，コストを回収できる高付加価値カキ向けの人工種苗の需要は今後も堅調なものがあると思われ，これに向けた環境整備は今後の課題となるだろう．

### 4.1.3　マガキの養殖と漁場管理

　2015年の国際連合食糧農業機関（FAO）統計では，世界のカキ類生産量は約532万t（殻つき換算）で，そのうち中国が457万3000tと85％を超えている．

本邦で養殖されているカキは，大部分がマガキで，北海道から九州まで広く養殖されている．2015年の全国生産量は16万4380tで，これは中国，韓国に次いで世界第3位となっている(FAO, 2015)．このうち90％は広島県，宮城県，岡山県，兵庫県，岩手県の上位5県で生産されており，広島県の生産量は全国生産量の65.0％，2位の宮城県で11.4％となっている（農林水産省，2015）．

### a. カキ養殖技術の変遷と養殖施設

1927年に神奈川県で垂下式養殖法が開発された（宮城県，1994；菅野，1971）．これによりそれまで平面的に漁場を利用していたカキの養殖が，より立体的に漁場を利用できるようになった．図4.9では，より右側が新しく実用化された方法であり，岸近くから，より深く，より風浪の激しい沖合に漁場の拡大が進んだ．

(1) 地まき養殖・ひび建て養殖

竹ひび，瓦，貝殻などの採苗器に付着させた種苗を活用する方法で，ひび建て養殖は澪際または干潟に1m前後のひびを建てて種カキを付着させ，2～3年そのまま成長，肥満させたあと収穫する．地まき式では採苗器をそのまま，あるいは採苗器からカキをはぎ取り干潟などに散布し，出荷サイズになったら回収する方法である．本邦では非常に古くから行われており，1600年代には記録がある（菅野，1971；宮城県，1994）．また，広島県では，ひびに付着し養成したカキを収穫し，肥育不足な個体をさらに漁場に散布し蓄養後回収する方法も行われた（楠木，2009）．しかし，これらの方法は，干潟の埋め立てによる漁場の減少ととも

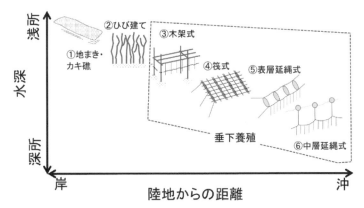

図4.9 カキ養殖形式における水深，陸地からの距離のイメージ

に現在国内ではほとんどみられなくなった．

　地まき養殖として，フランスでは潮間帯へ散布し育成する方法が盛んに行われており，全体の生産量の25％を占めている．また，当地では水深10m程度の漁場に散布する方法も行われており，地まき式の養殖は全体の生産の35％を占める重要な生産方法である（Buestel, 2009）．

　(2) 木架式（杭打ち式または簡易垂下式）

　杭の打ち込み方や，種カキの垂下方法などに地域性があるが，干潮時に杭の頭が空中に露出する程度の干潟や浅い内湾（水深4～5m程度）に，杭を打ち設営した架台を用いて行われる養殖方法である（宮城県，1994；伊藤ほか，1971；楠木，2009）．架台の材質としては，従来は孟宗竹や雑木が用いられることが多かったが，近年，鋼管なども用いられるようになっている．1927年に開発された垂下養殖法はこの架台にカキの付着した採苗器（原盤）を垂下する簡易垂下式とよばれる手法であり，それまで潮間帯に限られていたカキ漁場の拡張が大きく進んだ（宮城県，1994；伊藤ほか，1971）．杭の横張は，杭材と同じものが用いられる場合と，振り子籠やパールネット（後述）などを用いる場合はワイヤーやロープなどが用いられる．図4.10は宮城県松島湾で用いられているものである．

　干拓や埋め立てなどにより浅海域が失われ，生産のための簡易垂下式は松島湾など一部の浅海でみられる程度であるが，木架台は宮城県や広島県などの種カキの生産地において，抑制のための重要な施設として残存している（宮城県，1994；楠木，2009）．

　欧米やオーストラリアなど干潟域をおもな生産の場とする地域では，木架台を利用し，カキを収容した網籠を架台に設置する方法や，振り子籠を垂下する方法での生産が盛んである（Buestel, 2009; Maguire *et al.*, 2008; Lavoie, 2006）．近年西日本の生産地で，オーストラリアの生産方式の導入もみられる（図4.11）．このような取り組みは，干潟を利用していた採貝漁業などが衰退する状況で，採貝漁業に代わる漁業として今後が期待される．

　(3) 筏式（図4.12）

　竹や鋼材などで組まれた筏に浮体を設置し，カキを垂下する方法．静穏な内湾に設置されることが多い．広島県では第2次世界大戦後の1945年以降に筏式が主流となった（楠木，2009）．一方，宮城県では気仙沼湾で1930年に筏式の養殖施設が導入されたあと広く普及した（宮城県，1994）．筏の大きさは地域によって異なっており，広島県や岡山県では10m×20m程度が一般的であるが（楠木，

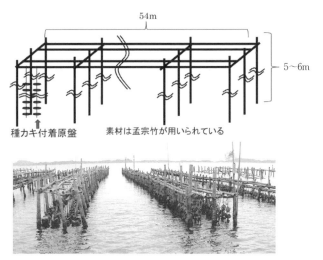

**図 4.10** 松島湾(宮城県)で行われている杭打ち式(木架,簡易垂下式)カキ養殖の例

写真では中央左が原盤の床上げ,右は簡易垂下養殖もしくは仮植である.

**図 4.11** 振り子籠と,振り子籠を用いたカキ養殖方法

(A),(B) 振り子籠,(C) 実際の養殖風景(長崎県島原振興局県南水産業普及指導センター提供).(A),(B) は三角柱タイプ,(C) は円柱タイプでこの2タイプがオーストラリアで生産され,それぞれ輸入されている.

2009),三陸沿岸では一回り小さいものが使われている.例示した宮城県の気仙沼地方で使用されている筏は,9 m×5.4 m である.

広島県では,カキ養殖が行われていた海域が軍事に関係し使用に制限があったことや,ほかの曳き網漁業と漁場の競合があったことから,浅所での杭打ち式による簡易垂下養殖の振興がはかられ,第2次世界大戦が終了するまで筏式養殖の大きな発展がみられなかった(木村ほか,2003).この期間,宮城県やほかの産地では筏の設置が進み,全国の生産量に占める広島県の割合は低下した(楠木,2009).その後,終戦を期に広島県では,深所への漁場拡大で筏式の普及が急速に進み,生産量が大きく増加したが,杭打ち式に適した干潟域や内湾の浅海はいずれも埋め立てが

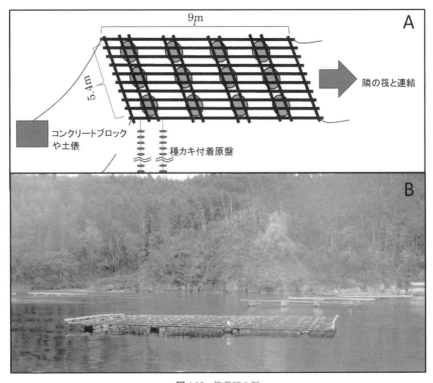

図4.12 筏養殖の例
(A) 宮城県気仙沼地域で用いられる筏の例. (B) 気仙沼湾で行われているカキ養殖風景. 写真の筏は樹脂コーティングした鋼管が用いられている.

進み,残存する杭打ち式の架台の設置が可能な漁場は,種カキの抑制漁場となっている(楠木,2009).一方,宮城県では松島湾や万石浦などの一部の浅所を除き,養殖に適した沿岸部の多くはリアス式海岸からなっており,広島県と比較して,水深のある海域の積極的な利用による生産拡大がはかられたことから,筏式の普及が早かったものと考えられる.筏式養殖普及後,静穏な瀬戸内海では使用する船の動力などの大型化に伴い,筏施設の大型化による生産の効率化をはかる方向に進歩した.しかし,三陸地方では風浪の条件などにより筏の大型化が困難であったため,筏の大型化ではなく,より風浪の影響が少ない延縄式が広く普及し,現在筏式養殖は湾奥の限られた場所でのみ行われている.

(4) 延縄式

(ⅰ) 表層延縄式（図4.13）

1952年ごろに宮城県で開発され，1955年以降，三陸沿岸に広く普及した（宮城県，1994）．宮城県石巻地方で用いられるものを参考として示した．特長としては，強い浮力を有する楕円球型で大型の浮体を用い，幹縄を水面上に設置することにある．この幹縄に垂下ロープを結びつけ，垂下しているカキの成長や，付着物による重量増加に従い，浮体を追加し，つねにロープが張られた状態を保つ．浮体には樹脂製の200〜250 kgf程度の浮力を有するものが用いられる．宮城県では，施設の固定には，施設を漁期終了後撤去し，翌年漁期に施設を再度設置する仙台湾などの漁場では鉄製の錨が用いられるが，その他の漁場ではコンクリートブロックなどが用いられる．この表層式延縄は，餌料条件の良好な表面から近く浅い水深を利用するために，とくにカキ養殖で用いられている．

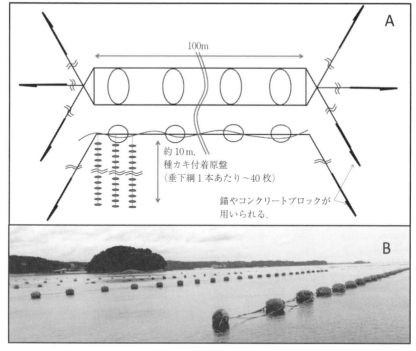

図4.13 表層延縄式養殖施設の例
(A) 宮城県石巻地方で用いられている筏の例．用いられている浮体は200 kgf前後，幹ロープは太さ35 mm程度，60 kg程度の片爪鉄製の錨が用いられている．(B) 宮城県志津川湾の養殖風景．

（ⅱ）中層延縄式（ブランコ方式）（図4.14）

風浪の激しい外湾域の場合，表層延縄式の養殖施設では，浮力の強い楕円球の大型の浮体が影響し，シケ（時化）の際にロープやアンカーが耐えられず，ロープの破断や施設流失などが起こること，また，施設そのものが波による動揺で大きく振られ，垂下物が落下する水族被害が生じることがある．これらの問題を解消するため，開放的な海域での養殖では，風浪による動揺を避けるために幹縄を沈める中層延縄式で養殖されている（図4.14）．これは，幹縄を水面下数mに沈める方法で，シケのときは施設の浮力が強くないため，風浪による施設や垂下物の動揺が少なく，シケによる施設被害や水族被害の低減が可能である．しかし，強い浮力の浮体を用いないことから，原盤での養殖は困難で，籠による養殖が中心である．なお，中層延縄式は，三陸地方沿岸ではホタテガイやホヤの垂下養殖では一般的な筏形状である．図4.14は北海道の厚岸地方の施設を参考に示した．

**b. 原盤養殖と殻カキ生産**

カキはろ過食性であり，海水中の植物プランクトンなどを摂餌するため，給餌を必要としない．このため，基本的に養殖とは，カキを海水に浸漬し，海水中のプランクトンなどを摂餌させることであり，いくつかの方法がある．

（1）原盤（cultched oyster）養殖

カキが付着性であることを利用して，原盤（cultch）といわれる種カキが付着

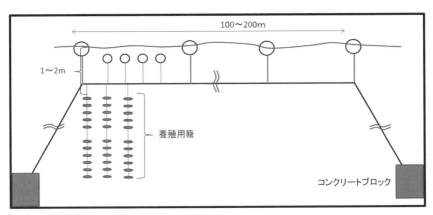

**図4.14** 中層延縄式養殖施設の例

北海道地方で用いられる中層延縄式の養殖筏．幹ロープは太さ35～50 mm，浮き玉は直径24～36 cmのものが用いられ，おもに籠（10段籠など）を垂下することで養殖されている（北海道道立総合研究機構栽培水産試験場より情報提供）．

した採苗器にカキを付着させたまま養成する方法である．この方法は，カキの形状や身入りなどの品質をコントロールすることは難しいものの，生産効率はきわめて高く，国内ではもっとも一般的な生産方法である．主要なカキの生産地では，むきカキを主体とした生産を行っており，殻の形状は脱殻の効率には影響を及ぼすものの，軟体部の品質に対してはほとんど影響を及ぼさないことから広く普及したものと考えられる．原盤養殖には大別すると，図4.15の通り2種類の方法がある．Aは広島県でおもに行われている方法で，原盤と塩ビ管などでできたスペーサーを交互に番線に通していく方法である．この方法は，もともとの垂下養殖の方法として開発された方法である（伊藤ほか，1971；楠木，2009）．これに対してBは，原盤を2本よりのロープ（二子よりといわれる）のよりにはさみ込む方法で（宮城県，1994），宮城県やその他の地域で多く用いられている方法である．いずれも長所と短所があり，静穏な漁場で大規模なカキ養殖を行う場合は，間隔が短く，垂下ロープあたりの原盤数を多くできるAの広島型が適している．しかし，波浪の影響を受ける漁場では，金属疲労などによる番線の破断も考えられ，広島型の垂下方法では，番線が破断した場合垂下物すべてを失うリスクがあり，宮城では，2本よりロープにはさみ込む方法が採用されている．また，2本よりロープにはさみ込む方法は，ホヤ養殖やワカメ養殖にも応用されている．

(2) 殻カキ生産

原盤養殖である程度まで成長させたカキをばらしたあと，籠に収容，再度垂下する方法と，種苗の段階から籠などで生産する一粒カキ（culthless oyster, single seed oyster）養殖がある．これらは養殖用籠だけでなく，耳吊りやセメントで垂下ロープに固定することでの養成も行われる（図4.16）．耳吊りは，左殻蝶番後端部分にドリルで穴を開け，テグスや樹脂製のピンなどを用いてロープにつける方法（図4.16A）であり（田中ほか，2005），マガキでは宮城県の北部から岩手県の沿岸でよくみられる．また，ロープに水中セメントを用いてカキ3個の左殻でロープをはさみ込むよう接着する方法もあり（図4.16B），専用のセメントが市販されている．これらの方法は，後述の一粒カキ養殖でも用いら

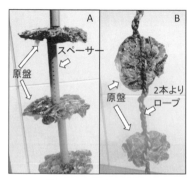

図4.15　原盤養殖の方法
(A) 広島型，(B) 宮城型．

れる．

　一粒カキ養殖は，天然採苗による種苗を殻高 10～20 mm 程度で採苗器から剥離したものや，人工採苗による種苗を，籠などに収容し海中に設置する方法である．籠はパールネット（図 4.16C）や，振り子籠（図 4.11）が用いられる．この方法は，海域や垂下期間によっては籠などの洗浄や交換などの作業や，資材，選別作業にコストを要し，必ずしも効率的な生産とはいえないが，左殻の膨らんだ整った形のカキが生産可能で，近年多くなってきたオイスターバーなどへの出荷を目的に行われている．現在，籠の目詰まりによる海水の交換や，餌が競合する生物の付着などを防ぐため，数社からシリコン系防汚剤が市販されているが，この防汚剤の処理に対する安全面や作業性などを含めた総合的な評価は今後の課題である．

　近年，西日本において海水温上昇による，産卵期の長期化に伴う出荷期間の縮小や，産卵や環境を要因とするへい死などが問題となっている．多くの場合，天然種苗や人工種苗を域外から購入していることが多く，へい死による損失は経営に大きな影響を及ぼす．また，近年のオイスターバーでは大型の一粒カキよりも小型の一粒カキが好まれる傾向にあることから，夏を越さない未経産のカキを生産する方法の導入もみられるようになった．その他，生殖巣が発達している高水温期のカキでも食用として社会的に認知されるようになったことから，北日本では産卵期に深所に下げ，産卵を抑制したカキを夏期に出荷することも一般的になりつつある．これに加えて西日本では三倍体カキを増産させる動きもみられており，殻カキの周年出荷の傾向はますます強くなると考えられる．

図 4.16　さまざまなカキの養殖方法
（A）耳吊り，殻長部に開けた穴にピンを刺し固定する（京都府水産技術センター提供．田中ほか，2005）．（B）セメント固定，矢印にカキを乗せ，3 個のカキを用いロープを挟み込み固定する（島根県水産技術センター提供）．（C）パールネットを用いた養殖（宮城県水産技術総合センター気仙沼水産試験場普及指導チーム提供）．（A），（B）はイワガキ，（C）はマガキ．

## c. カキ養殖の生産管理と漁場管理

### (1) 生産管理

カキは場所により1歳から3歳までがおおむね生産対象となっているが，3歳のカキは市場では近年ほとんどみかけない．これは3歳のカキをおもに生産していた宮城県北部や岩手県で，東日本大震災のあと，養殖施設の台数が減少し，潮通しが良好となったことに加えて，密度低下により餌料条件が改善され成長が良好となったことから生産サイクルが短縮されたためだと推察される．図4.17は，宮城県松島および石巻地方の現在の生産サイクルについて，漁業者からの聴き取り結果を示したものである．現在，仙台湾のカキ漁場では1歳および2歳のカキが生産されている．図4.17で示した1歳カキの生産方法の上段が，松島周辺では秋はさみ（秋子）といわれる方法で，これに夏期の深吊り管理を加えたものが広島でイキスといわれる方法であり，下段が松島周辺では春はさみ（春子）といわれ，これに夏期の深吊り育成を加えたものが広島でヨクセイといわれる方式である．また，広島ではヨクセイで残ったものをさらに翌年の夏期に深吊り育成し，2歳で生産したものをノコシとよんでいる．種苗の導入時期は0歳の秋と春であり，ほかの地域でもおおむねこのサイクルで生産が行われる．

カキの養成は出荷まで数回漁場を変えながら行われ，軟体部を充実させる（身入りという）最終的な仕上げ漁場に垂下するまでが仮植と称される．これは，身入りや成長が劣る漁場をストックヤードとして利用し，順次仕上げ漁場に移すことで短期間に身入りが期待できる優良漁場の回転を上げ，品質向上をはかりつつ，限られた漁場や施設で生産を上げる手段となっている．

養殖カキにはムラサキイガイやホヤ類，フジツボなどさまざまな生物が付着す

**図 4.17** カキ養殖の管理工程

イガイの駆除は温湯処理などが用いられる．東日本大震災以前は3歳や4歳のカキも生産されたが，現在はほとんどみられない．種苗を導入している地域でもおおむね同じサイクルで生産されている．

る．これら付着物は，カキと餌料や成長の場が競合することから，品質の低下，成長不良を招くだけでなく，付着物の重量で施設の沈下や垂下物の落下などの被害が生じる．また，収穫時にも廃棄物となり，労力やコストを割くことになる．

付着物対策としてよく行われる方法として前述の深下げがある．これは，漁場の水深を活用し，ムラサキイガイの付着時期に限り付着が少ない深所にカキを垂下する方法で，広島県や宮城県では一般的な方法としてよく用いられる．また，温湯処理も，ムラサキイガイやホヤ類の付着物を除去する効果的な方法として，宮城県北部や岩手県などでよく行われている．これは，船に搭載したボイル釜で海水を60～70℃程度に維持し，クレーンを用いて垂下しているカキを連ごとにこの釜に10～30秒程度浸漬し，ふたたび海に戻す方法である．図4.18は宮城県気仙沼市で行われている温湯処理の風景である．これは籠による養殖であるが，原盤養殖でも同様で，垂下連を4つ折り程度にまとめ，クレーンを用いて浸漬する．この他，吊り下げた連に直接熱湯を噴射する，あるいはガスバーナーを用いて表面生物を焼殺するなどの方法もある．また，籠養殖の場合，潮間帯などに設置する，あるいは動揺しやすい施設に垂下することで，収容したカキが籠内で動揺するため，付着物がつきにくくなることが期待できる．

(2) 漁場管理

カキの餌料は海域の生産力に依存しており，規模の大きな産地では過密養殖による成長不良が，以前より問題となっている．しかし，餌料の指標で一般的に用いられる漁場内でのクロロフィルaの量が，カキが餌として利用しているものを反映していないとの指摘もあり，カキでは漁場の生産力から適正な養殖量を推定することは難しいと考えられている(楠木，2009)．また，同じ海域でも，場所により潮流や風などによって受ける影響はさまざまであり，施設の位置により生産性が大きく変わる．このため，宮城県内では，区画内で養殖漁業者が設置する施設の位置を，くじ引きやローテーションにより生産年度毎に変える地域もある．しかし，これは，区画に設置され

**図4.18** 宮城県気仙沼地方で行われているカキの温湯処理の風景
写真では原盤養殖ではなく籠を用いた殻つき養殖の温湯処理が行われている．この後数週間～数ヶ月の養成を経て出荷される．

ている施設が同じ規格で，しかもカキのみが生産され，生産のサイクルも同じであることが必要であり，すべてのカキの生産地で行うことができるわけではない．一方，生産者らは，経験的に殻の成長と身入りを異なる漁場を使い分けることで調整しており，これらの経験則に科学的な裏づけを付与していくことが，漁場の生産力を推定し，安定した生産を行っていく上で重要なものであると考えられる．

広島湾では，1960年代に大規模な貧酸素水塊が発生し，カキの過密養殖による多量の排泄物などの有機沈降物の有酸素分解が原因として考えられている（楠木，1981，2009）．また，カキなどが養殖施設から落下すると，夏場発生する貧酸素水によりへい死し，軟体部などの有機物が腐敗する過程でさらに好気性細菌が酸素を消費し，貧酸素状態が悪化する（山地ほか，2006）．海底清掃や海底耕耘は，これらの漁場の環境悪化を改善する手段として期待されており，生産者は自ら落下したカキなどの回収や海底耕耘などによる海底土の攪拌を行っている例もある（山地ほか，2006）．宮城県の仙台湾の一部の地先では，カキ養殖の区画において，カキの漁期が終了したあと，養殖施設の撤去を行い，図4.19のような錨などを船で引き，ゴミなどをひっかけて取り除くとともに，海底耕耘により有機物分解の促進をはかるなどの取り組みを行っている．

#### d. カキ養殖の展望

カキ養殖は1990年代末までは，沿岸から沖に施設を拡大し，水深のある場所で，立体的により効率的に生産できる方向で進歩してきた．これは，主要な産地での埋め立てによる浅海域の漁場消失や，生産規模の拡大のための新規漁場開拓などが要因としてあると考えられる．しかし，生産量は1988年をピークに減少に転じ，

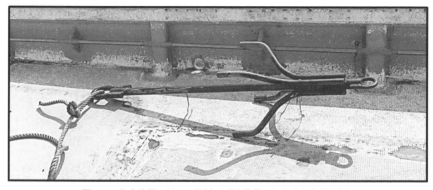

図4.19 海底清掃に用いる錨（宮城県漁業協同組合鳴瀬支所提供）

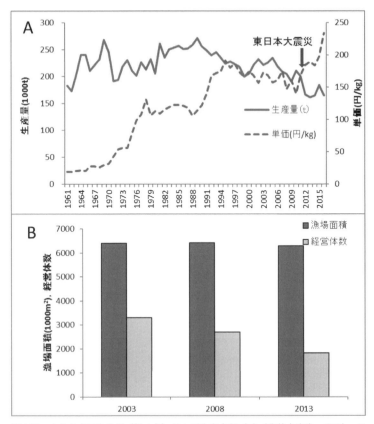

**図 4.20** カキの全国生産量(殻つき)および生産金額(A)(農林水産省, 2015), および 2003, 2008, 2013 年の漁業センサスによるカキ養殖漁場面積および主たる経営体数(B)(農林水産省, 2003, 2008, 2013)

東日本大震災もあり,国内のカキ生産量は減少傾向となっている(図 4.20A:農林水産省, 2015).単価は生産量の減少に応じて上昇傾向にあり,国内の需要は堅いものがある.一方,漁場面積と経営体の関係をみると,経営体数の減少に比べ漁場面積の減少はそれほど顕著ではない(図 4.20B:農林水産省, 2003, 2008, 2013).国内の主要な産地でのカキの出荷形態であるむきカキの生産は,施設への投資や衛生対策,脱殻作業員(むき子)の確保など,非常に経費がかかる方法であり,規模の拡大による経費の圧縮は重要な経営戦略であり,これが反映されたものと考えられる.

一方,大規模経営産地との差別化対策として小規模経営産地での殻カキ生産が

あり，産地で消費者が自らカキを焼き食するカキ小屋の増加，ネット通販の広がり，大都市におけるオイスターバーの増加，殻カキを扱う居酒屋の増加などによって，近年殻カキが産地でも消費地でも活気を呈している（宮田，2016）．今後もカキ消費の多様化がもたらすカキ養殖の発展に期待したい．　　　　　〔田邉　徹〕

## 文　献

Buestel, D.（2007）．かき研究所ニュース，**20**，3-12.
Eudeline, B. Allen, S. K. *et al.*（2000）．*Aquaculture*, **187**, 73-84.
藤田真吾，吉田　弘ほか（1984）．栽培技研，**13**，29-35.
平田　靖（1998）．日水誌，**64**，610-617.
広島市郷土資料館（1995），広島市郷土資料館資料解説書　第10集　牡蠣養殖，広島市教育委員会．
今井丈夫・白石景秀（1971），浅海完全養殖（今井丈夫 監），409-419，恒星社厚生閣．
伊藤　進・佐藤隆平（1971），浅海完全養殖（今井丈夫 監），165-175，恒星社厚生閣．
木村知博・兼保忠之（2003）．広島かきの養殖　主として昭和の発展と問題，広島かき生産者協同組合．
小金沢昭光（1978）．日水研報告，**29**，1-88.
国際連合食糧農業機関（2015）：FISHSTAT．
古丸　明（1988）．水産育種，**13**，19-28.
楠木　豊（1981）．広島県水産試験場研究報告，**11**，1-93.
楠木　豊（2009）．昭和時代の広島カキ養殖，呉製版印刷．
Lavoie, R. E.（2006）．かき研究所ニュース，**17**，5-13.
Maguire, G. B. and Nell, J. A.（2008）．かき研究所ニュース，**19**，3-12.
宮城県（1994）．宮城県の伝統的漁具漁法VII　養殖編（かき）．
宮田　勉（2016）．養殖ビジネス，**2016年10月号**，3-7.
農林水産省（2015）．海面漁業生産統計調査．
農林水産省（2003, 2008, 2013）．漁業センサス．
沼知健一（1971）．浅海完全養殖（今井丈夫 監），95-105，恒星社厚生閣．
小笠原義光，小林歌男ほか（1962）．内海区水産研究所業績，**19**，1-2.
大泉重一（1971）．浅海完全養殖（今井丈夫 監），151-165，恒星社厚生閣．
齋藤英俊，中西夕佳里ほか（2008）．日水誌，**74**，809-815.
菅野　尚（1971），浅海完全養殖（今井丈夫 監），149-151，恒星社厚生閣．
菅原義雄・小金沢昭光（1994），カキ・ホタテガイ・アワビ　生産技術と関連研究領域（野村正 監），1-17，恒星社厚生閣．
田邉　徹（2012）．宮城水産研報，**12**，48-57.
田中雅幸・藤原正夢（2005）．京都府立海洋センター研究報告，**27**，31-34.
東北農政局（2001-2006）．宮城県漁業の動き．
山地幹成・前川啓一（2006）．広島県立水産海洋技術センター研究報告，**1**，19-22.

## 4.2 ホタテガイ

### 4.2.1 ホタテガイの漁業と増養殖の歴史

本邦ではじめてホタテガイが記述されたのは徳川第7代将軍家継の時代,1715年に出版された寺島良安編『和漢三才図会』である.これには,肋条のある貝殻の状態を「仏車の渠に彷る」として,海扇および車渠と書き,「ほたてがい」,「いたやがい」とふりがなをつけて,ホタテガイとイタヤガイの混同がみられ,「北海,西海に多く……」と述べていて,分布上からもその混同を知ることができる.「……大なる者径一,二尺,数百群行し,口を開いて一の殻舟の如く,一の殻帆の如し.風に乗って走る.故に帆立貝と名づく.」と書いているが,実際の運動方法と違う.その挿絵をみてもイタヤガイである.

本邦産ホタテガイ (*Patinopecten* (*Mizuhopecten*) *yessoensis* (Jay)) が近代科学の場に登場したのは,1852~1854年のM. C. ペリー提督指揮のアメリカ艦隊の黒船来航の報告書に新種として記載されたことによる.その報告書の中で,J. C. Jay が1856年に日本のホタテガイを *Pecten Yessoensis* と報告した.ホタテガイの標本は,Hakodadi で入手したと記載されている.

1960年代以降,ホタテガイの増養殖技術がつぎつぎと開発され,日本のホタテガイ増養殖は1970年以降急激に生産を拡大させていったが,ホタテガイの増養殖は,長い歴史をもつカキ養殖と異なり,はじまってからたかだか60数年しか経っていなく,いまだ未成熟な産業といえる.ここでは,陸奥湾を中心に,これまでのホタテガイ漁業および増養殖の歴史の一部について紹介する.

#### a. ホタテガイ漁業と研究の変遷

(1) 江戸時代(ホタテガイ漁業のはじまり)

陸奥湾でのホタテガイ主産地は平内,小湊地方で,その他に野辺地,大湊,川内,脇野沢でもホタテガイの採取が記録されている.当時は現在に比べて技術的に未熟で,「ほこつき」または「手操網」を用いていたらしい.江戸時代中期から後期にかけて,「手操網」が使用されていた.

藩政時代(おもに徳川幕府中期以降)に,帆立(海扇)は俵物(干鮑,煎海鼠,鯣,昆布などを輸送するのに俵包装したもの)として,対中貿易の海産物の1つとして幕府の重要な財源となっていた.俵物の供出は,幕府から領主に下命する場合と海産問屋が引き受ける場合があった.南部,津軽の両藩では,海産問屋引

受けの形をとった．両藩では俵物以外はホタテガイやその他アワビ，ナマコなどの採取を厳禁した．しかし，海産問屋は，漁師からこれらを買い上げ，藩では俵物が廻船で出航に際して税を課して財源とした．幕府の供出制度の結果，俵物は労働価値以下の低価格で海産問屋に買い上げられたため，漁民の疲弊が甚だしく，沿岸地方では密漁が行われ，その度に藩から布告が出された．藩政時代には，南部，津軽の両藩を通じて，漁業政策はきわめて乏しく，むしろ漁業圧迫政策とみられる事実さえあるくらいであるから，ホタテガイの増殖をはかる計画もなく，その技術や知識もなく，自然に委ねておくのが精々であった．

(2) 明治時代

1868～1885年まで日本の水産業は，まったく混迷の時代であったように，青森県の水産業もこの例にもれない．対中貿易は，彼我の内戦その他の事情により停頓し，俵物を採取するものもなく，ホタテガイの生産もまったく低調であった．

1887年には，陸奥湾沿岸でホタテガイが大漁で，漁業者も製造業者も巨利を博したといわれている．青森県のホタテガイ漁業に対して県がはじめて資源保護に乗り出し，乱獲の防止と増殖のために1886年4月28日取締規則が布告された．その後1893～1896年まで，つぎつぎに帆立保護区が定められた．1895年には農商務省水産局の岸上鎌吉に依頼して陸奥湾のホタテガイ漁業調査がはじめて行われ，ホタテガイ漁業の現状，分布，方法について報告している．その結論は，濫獲防止を第一にすることというものであった．

北海道では，明治20年代，ホタテガイの漁獲の中心は後志であり，次に胆振沿岸であった．

明治20年代は，陸奥湾では保護区の設定，密漁の取締りなど繁殖保護に努めたため，ホタテガイの漁獲が多かったといわれる．年を経るに従い，生産量が減じたが，1909～1910年には1万t以上を記録している．北海道の小樽・祝津，高島の漁師たちは，前浜のホタテをとり尽くすと，明治後期～大正初めまで，主漁場を北見，紋別，頓別，沢木，沙留，佐呂間，常呂などに移した．

1904年2月の日露戦争の勃発により，対中貿易も不振となり，貝柱の価格は下落したが，翌年9月の日露戦争の終結とともに，対中貿易も順調となり貝柱価格は高騰した．

(3) 大正時代

陸奥湾でのホタテガイの漁獲は，明治末年（1912年）から大正初期にかけて豊漁であったが，1920年以降は100t以下となり衰微した．陸奥湾の漁獲量が減

少したのとは対照的に，北海道では，オホーツク沿岸を中心に1〜4万 t が漁獲され，1913年には4万5000 t も漁獲された（図4.21）.

1921年ごろに野辺地町有戸沖に自然発生した稚貝を野辺地町前浜馬門地先などに移植し，移植場は3ヶ年禁漁とし，解禁のときには1人金5円の入漁料で組合員にとらせ，移植成績は良好であった．当時移植を行ったのは，それ以前に密漁の稚貝を警官に見つかり海に放流したものの成育が良好であったためである．これが陸奥湾でホタテガイを移植した最初の事例である．1924年には，現在の青森市浅虫に東北大学理学部附属臨海実験所が創設され，野村七録によりホタテガイの解剖学的研究が行われた．

(4) 昭和戦前時代（1926〜1945年）

陸奥湾では，1926〜1929年にかけてホタテガイの漁獲量は著しく増加し，1928年には約2万8000 t を記録した．これはこれまでの記録の中で自然発生貝を漁獲したものの最高漁獲量である（図4.21）.

昭和の初期，イワシ建網の垣網におびただしく付着するホタテ稚貝に着目し，青森県では垣網を買い上げ，その場に沈下させたことがある．明らかな記録がないが，ホタテガイの積極的増殖に乗り出したのは青森県が最初となる．1928年にはホタテガイの大漁をみたが，1929〜1930年の2ヶ年で青森県水産試験場が陸奥湾のホタテガイの分布，底質などについて調査を行っている．1937年に，県は水産増殖奨励規則の改正（1937年8月14日公布）を基礎にして，増殖の対象にホタテガイを追加した．1941年にはじまった太平洋戦争により，県は機船底曳き網漁船の整理計画を一時中止したのみならず，湾内漁業を黙認したので，公然たる乱獲が行われ，ホタテガイ漁業は衰微した.

北海道でも，1930年に根室海域，日本海でホタテガイ漁業の動力化がはじまり，1933年にはオホーツクで動力曳きがはじまったために，北海道のホタテガイ漁獲量は1934年の7万8674 t をピークに，その後減少していった（図4.21）.

1934年にサロマ湖において，北海道区水産研究所の木下虎一郎により天然採苗が試験的にはじめて行われた．ホタテ貝殻，シュロ皮，スレート板などを用いたが，ホタテ貝殻がもっとも付着がよかった．付着稚貝は，サロマ湖内や外海に放流された．1965年ごろまで付着稚貝の放流が続けられたが，効果は明らかでなかった．陸奥湾では，青森県水産試験場陸奥湾分場が，1937年に天然採苗試験を分場地先とほか2ヶ所で実施したのが最初である．

1940年には青森市に東北大学農学研究所青森水産実験所が開設され，それま

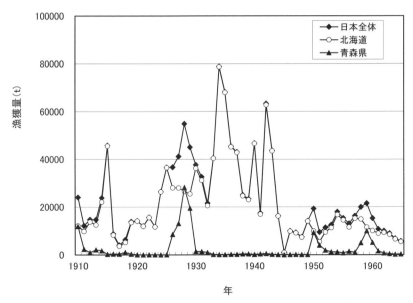

図 4.21 養殖がはじまる以前（1910〜1965 年）の日本のホタテガイの漁獲量

では断片的な調査が，西岡丑三，山本護太郎などによってはじめて組織的に研究が開始され，漁獲量の変動原因の探究，人工授精法，幼生の人工飼育法，天然採苗，サロマ湖産種苗の移植などの研究が行われた．

(5) 昭和戦後時代（1946 年以降）

この時期からホタテガイの増殖事業が活発に行われるようになった．1954 年に母貝保護育成のため保護水面として，青森県川内町地先2ヶ所，野辺地町地先1ヶ所が指定された．1948，1949 年には，青森県総合開発の一環として水産資源開発が取り上げられ，東北大学，函館水産専門学校(現在の北海道大学水産学部)，農林省水産試験場青森臨時試験地（1949 年閉鎖），北海道水産試験場などに委託して水産資源調査を行った．その総括として，陸奥湾の水産業の発展には，増殖事業を基盤とすること，陸奥湾に県の専門的研究機関を設置することが必要とされた．その結果，1949 年大湊町（現在のむつ市）に青森県水産試験場陸奥湾分場が新たに設置され，1952 年には独立昇格して，青森県陸奥湾水産増殖研究所となった．水産増殖研究所として，試験研究の中心となったのは，浮遊幼生，付着稚貝，中間育成，移植，放流などの調査であり，中でも佐藤佐七らによる採苗器に付着器材としてスギの葉を挿しはさむ方法，小寺周一らによる飼育箱，飼育

籠の開発は，画期的なものであった．飼育箱，飼育籠の考案は現在のパールネットによる中間育成事業につながるものであった．

山本護太郎らは，戦前から行ってきた研究で，天然採苗，人工産卵，幼稚貝飼育，放流適地，稚貝の耐忍性，漁獲変動の原因究明などの論文をつぎつぎに発表した．1948年には，日本のホタテガイではじめて温度上昇による人工産卵に成功した．このころ，沢野英四郎らは，人工飼料による稚貝飼育の可能性を示唆した．1960年までに，種苗の生産，放流適地の選択，放流適サイズ，放流時期などについて，一応の目処を得たが，採苗が不安定なため，ホタテガイ漁業はまだ低迷の域を出なかった．

1953～1956年にかけて国庫補助事業として，天然採苗が漁業組合事業としてはじまり，1962～1967年には県単事業として再開された．中間育成事業は1955～1956年に国庫補助事業としてはじまり，1962～1967年には県単事業として実施された．事業費は180万2000～1242万円/年という，当時としては破格な予算がつぎ込まれ，漁業組合負担として702万6000円もつぎ込んだ年もあった．

一方，ホタテガイ養殖に多大な貢献をした人物として語り継がれているのが，西平内第一漁業協同組合の豊島友太郎である．豊島は，1957～1958年にかけて青森県陸奥湾水産増殖研究所の小寺周一の指導のもと，図4.22のような中間育成籠を2000個つくって中間育成を行った．

1964年に大きな技術革新があり，青森市奥内の工藤豊作が付着稚貝の落下防止のため，スギの葉にタマネギ袋をかぶせる採苗器を開発し，その方法が陸奥湾全湾に普及するとホタテガイ稚貝の採苗数は急激に増加し，湾内の必要量を満た

図4.22　1960年代に使用されたホタテガイ中間育成箱

すだけでなく，他県へも供給できるようになった．また，これを契機に垂下養殖が，青森県ばかりでなく，北海道はもとより，従来ホタテガイの生産がなかった岩手，宮城県でも行われるようになった．

サロマ湖でも，1967年には常呂の外海にはじめて越冬種苗2300万個体が放流され，1968年にはタマネギ袋式採苗器がサロマ湖にも導入され，採苗成績が飛躍的に向上し，1970年にはパールネットの導入により越冬種苗の大量生産が可能となった．1971年には猿払でもサロマ湖から越冬種苗1400万個体を購入し大量放流を行うようになった．また，放流漁場における輪採制は昭和40年に噴火湾の伊達ではじめて採用され，常呂では越冬後に種苗放流と輪採制を行うことにより，計画生産が可能になった．

青森県では1968年に平内町茂浦に青森県水産増殖センターを発足させ，天然採苗予報に重点を置いて，採苗の安定化を図った．1970年には水産増殖センター，水産業改良普及所，漁業研究会の三者一体となった浮遊幼生の調査体制が整備されたが，採苗は依然として年変動が大きかった．

1972年ごろから宮城，岩手両県では，養殖貝の異常へい死がみられた．1970，1971年の陸奥湾種苗の不良化に起因し，輸送による影響も加わり，陸奥湾よりも早くに出現した．陸奥湾では1975年に夏泊半島西側土屋沖を中心に，大量へい死が出現し，翌1976～1977年には陸奥湾全域に広がった．1975年に国の調査団および自民党調査団団長が相次いで来県し，その実態および原因について調査した．一方，青森県水産増殖センターでは実態の把握，原因の究明と対策の樹立を急いだ．行政的には津軽暖流の湾内流入による異常高温によるものとして処置されたが，その当時としての見解としては，過密養殖を中心にした技術劣化によってもたらされたとの見解であった．

1973年には陸奥湾漁業開発基本計画調査がはじまり，陸奥湾内5ヶ所に水温，塩分などを自動観測する海況自動観測装置（通称ブイ・ロボ）が設置され，得られた情報をもとに精度の高いホタテガイの採苗予報および夏季の高温情報を出すことができ，養殖管理作業などにも役立った．この調査の中心課題は陸奥湾のホタテガイの許容量を把握することにあった．

許容量は各地で問題視されるようになり，青森県陸奥湾以外でも，北海道噴火湾，北海道サロマ湖でも調べられ，さらに地まき主体である開放的な海域である北海道常呂，佐呂間，湧別海域で調べられ，これらの海域では調査結果をもとに養殖数量や放流量の規制が行われるようになった．青森県では，2008年には，

漁家，加工業者の経営など，社会情勢も加味した適正養殖可能数量を算出し，それを順守させるシステムを構築するために，「ホタテガイ適正養殖数量制度（通称 TASC）」をつくって，漁協別の適正養殖数量を割り当てた．

さらに各道県の水産試験場が中心となり，ホタテガイの生理・生態，産卵・成熟，浮遊幼生の発生，天然採苗の安定化のための予報技術の高度化，異常貝発生機構，種苗性に関する研究，へい死原因究明の研究，外海におけるホタテガイ漁場造成，遺伝などの研究が進められてきた．

ホタテガイ増養殖に必要とされた機械の開発は民間主導で行われ，船に養殖施設を支える"テボヨケローラー"，耳吊り用の"アゲピン"，耳吊り用自動穴あけ機，籠洗浄機，耳吊り洗浄機，貝殻洗浄機，選別機などの多くの新たな機械が開発され，ホタテガイ増養殖効率化の一助となっている．

ホタテガイ産業は，これまでの多くの漁業者，行政，研究者の飽くなき探求と弛まざる努力により，つねに日本全国で 40〜50 万 t が生産されるようになり，魚種別生産量では日本で 1，2 位を争うような生産量となった．しかし，その後も各地で大なり小なりのへい死が起こり，2010 年には陸奥湾で高水温による大量へい死が，2011 年の東日本大震災の未曾有の津波により岩手県，宮城県はもとより北海道噴火湾においても甚大な被害を受けた．さらに，2014 年には北海道オホーツクでの爆弾低気圧による地まきホタテガイの被害，2016 年の台風 10 号による噴火湾の養殖ホタテガイの被害など多くの天災による被害が続出した．

つぎに，ホタテガイの増養殖技術に関するこれまでの研究について紹介する．

**b. ホタテガイの増養殖に関する研究の歴史**

(1) 天然採苗

ホタテガイの天然採苗は，1934 年にサロマ湖において，木下虎一郎によって行われたのが最初であるが，陸奥湾では，1937 年に青森県水産試験場陸奥湾分場がはじめて採苗試験を実施し，ホタテ貝殻に付着したものは落下するものが少なく良好であった．

西岡丑三らは，1943 年にカキ養殖の筏に貝殻とその他の付着器質を水深 1 m くらいに保つような施設を考案した．さらに，ワラ縄製のロープを上下に張ったもので採苗試験を実施した．上部のロープは水面から 10 cm くらい下のところに設置した（図 4.23）．これにより採苗器は波浪などによく耐えることが分かった．これが陸奥湾の採苗器の原型になったといわれている．

1950 年には，青森県水産試験場陸奥湾分場の小寺周一らが，山本護太郎との

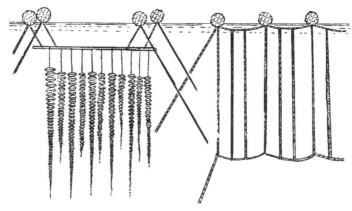

図 4.23 西岡らのホタテガイ貝殻採苗器と垣網式採苗器（津幡，1982）

共同調査で，ワラ縄製の垣網式採苗器（図 4.24，4.25）をむつ沖，野辺地沖に設置した．1951～1953 年にも同様の付着調査を行った．1956 年には，佐藤佐七・小寺周一がワラ縄を用いた垣網式採苗器の網目の節に 1 尺（約 30 cm）内外のスギの葉を差し込んだものと古綿網を使用したところ，スギの葉を差し込んだものがもっとも付着がよかったとしている．この試験がホタテガイ採苗器にスギの葉をはじめて使用した例であろう．この他に，ハイゼックスフィルム，古網、さらにこれらを籠に入れたものなどいろいろな試験が行われたが，稚貝の脱落を防止することはできなかった．

1964 年にはスギの葉にタマネギ袋をかぶせた世界ではじめてのホタテガイ用採苗器が青森市奥内の工藤豊作によって考案された．タマネギ袋をかぶせることによって，採苗器内のスギの葉に付着したホタテガイは袋の中で成長して，袋の外に出られなくなり，効率的に採苗ができるようになった．この採苗器の開発により種苗が大量に確保できるようになった．

その後，スギの葉が入手困難になったことと，スギの葉が枯れるため早めに採苗器をつくることが困難なことなどにより，1970 年ごろからはネット内にサケ・マス流し網の古網を入れたものが採苗器として定着した．

(2) 中間育成

1943 年に西岡丑三らは，北海道サロマ湖で採苗されたホタテガイ稚貝を用いて，湾内沿岸にまいて増殖をはかることを試みた．その際，金網籠で殻長 10 mm ほどの稚貝 20 個を池に沈めて，10 ヶ月ほど飼育し，15 個が生き残り，殻長

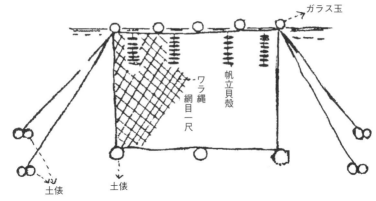

図 4.24 貝殻とワラ縄のホタテガイ採苗器（津幡，1982）

図 4.25 ワラ縄製垣網式採苗器（左）と採苗器に付着したホタテガイ稚貝（右）

47 mm までに成長させることができた．これが最初の中間育成試験であろう．

沢野英四郎らは，1952〜1953 年に米デンプン，オリーブ油，ブタの赤血球，酵母，納豆菌，クローバー圧搾汁，プランクトンを餌料とした試験を行った結果，プランクトンがもっとも成長がよく，ついでクローバーの圧搾汁がよいことがわかった．山本護太郎らも，1952〜1953 年に陸上コンクリートタンクで，ネット採取したプランクトン，培養プランクトン，クローバー圧搾汁および生海水を使って稚貝の飼育実験を行った．その後，陸上水槽での飼育試験は断念している．

小寺周一と佐藤佐七は，1952 年に粗放的飼育方法として，水深 1 m の浅瀬に金網の囲いをつくり，その中に付着稚貝を収容して飼育を試みたが，大部分が流失してしまった．さらに，小寺らは，翌年 7〜8 月に沖合に建て込んだ採苗器を 9 月に適地に移植させて自然落下させ，その後の飼育調査を実施したところ，地盤が砂礫質の安定したところは，推定で歩留りは 30 ％ 程度に達した．

また，小寺らは，飼育箱をはじめて考案して中層飼育で飼育することによって生存率を高める方法を開発した．1954年に，小寺周一は，木枠にサランスクリーンを張った飼育箱と名づけた箱を試作して実験を行った（図4.26）．飼育箱はむつ市芦崎湾外に係留したが，成績は芳しくなかった．中層延縄式中間育成はこれがはじめてであろう．1955年には飼育箱の構造を改良して，水面下3尋（約5.4 m）に設置した．設置するまでの処置が悪かったために多くの稚貝をへい死させたが，8漁業組合が飼育箱を使用したところ，一部を流出させたが残りは全部無事であった．ただし，木部がフナクイムシに食害されたので，1956年には飼育箱の木部にコールタールを塗ったものと硬質塩化ビニールで枠をつくり，これにサランスクリーンを張った箱を試験すると，稚貝の成育はきわめてよく，巻貝の混入しない箱の生残率は80％となった．ただし，ビニールパイプ製は継ぎ目がもろく，価格は木製の2倍なので，木製コールタール塗りで十分であると結論づけている．1955年に8組合，1956年に13漁業組合で飼育箱を試験的に実施し，外敵を除去した箱ではへい死はみられず成育は良好であった．1958年には，小寺周一・佐藤佐七は従来の飼育箱にクレモナパールネットを張ったもの，6 mm丸鉄棒の枠にクレモナパールネットを張ったものおよび真珠稚貝育成用クレモナパールネット籠を使用して試験を実施した．結果は9月にシケ（時化）のため全部流出し，残ったのは従来の箱だけになり，稚貝も成長につれて大部分へい死した．この年，10組合が720個の飼育箱による稚貝育成事業を実施した．このころはまだ，中間育成をした稚貝を放流することを目的としたもので，養殖目的のものではなかった．

現在，ホタテガイの中間育成におもに"パールネット"が使われているが，1962年に青森県平内町小湊の工藤喜代作らが，その当時真珠養殖に使われてい

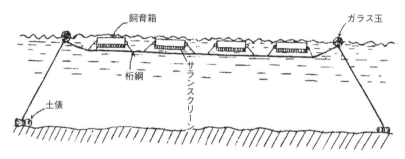

**図4.26** 小寺周一による延縄式中間育成（津幡，1982）

たパールネット,ポケットネットを取り寄せて,中間育成と本養殖を行っている.

(3) 垂下養殖

タマネギ袋採苗器の導入により,種苗が大量に確保できるようになり,1965年を境に急激にホタテガイ養殖が発展した.とくに,垂下養殖は漁業者にとって地まき放流に比べて個人の漁家経営に有利なために急激に発展した.

陸奥湾においてホタテガイの垂下養殖は,1955年に谷田専治・佐藤佐七らが青森市浅虫地先で延縄式に耳吊りで試みたのが最初であろうが,シケのために施設が流失した.

岩手県赤田町の千葉繁は,1960年に青森県平内町茂浦からホタテガイ稚貝300個をもっていき耳吊り養殖を行い,1962年に東京六本木のレストランに販売した.養殖したホタテガイを販売したのはこれが最初かもしれない.

陸奥湾でも,養殖を試みようとする漁業者が現れた.平内町小湊の工藤喜代作と飯田由則は,1961年に魚箱3箱の天然の稚貝を分けてもらい,モミギリで貝の耳に穴を開け,その穴に細い銅線の輪をつくり,クレモナ糸やテグスを通してノレンのように吊るして垂下養殖した(図4.27).1962年末には生存率は80％となり,1枚60〜70円という価格で売れた.また,その当時真珠養殖に使われていたパールネット,ポケットネットを取り寄せ,丸籠は自作のもので養殖し,1963年から籠とポケットネットで養殖し,1964年には4〜5枚/kgの貝をつくることができた.

青森市奥内漁協の奥内研究会では垂下式養殖を1964年から試みた.漁業組合から中間育成した殻長4〜6cmの稚貝を分けてもらい,ドリルで殻耳に穴を開け,テグスを穴に通して,ビニール電線を使ってハイゼックスロープの綱に垂下した(図4.28).垂下養殖したものは,地まき貝よりも重量においてとくにすぐれていた.しかし,上層部の1/3が暖流による高水温または波浪によってへい死した.さらに,前年度の経験をもとに,1965年には幹綱の水深を10mとし,手づくりの丸籠,角籠,提灯籠の3種類のアンドン籠を用いて養殖を行った.この方法で平均殻長が10cm以上の市販できる大きさまでになった.

1965年ごろからは,試験研究機関でも垂下養殖に着目するようになり,開閉ネット,各種耳吊りの垂下養殖試験を行うようになった.

いまでも,中間育成にはおもにパールネットが使われ,本養殖には丸籠も使われているが,最近では本養殖にアゲピンを使用した耳吊り養殖(4.2.2項参照)が主流となっている.このアゲピンは1980年代にすでに開発されていた.

図4.27 工藤喜代作らが用いた耳吊り養殖施設（工藤, 2000）

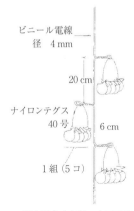

図4.28 奥内研究会が用いた耳吊り養殖（津幡, 1982）

　宮城県でのホタテガイの養殖試験は，当時の県水産試験場気仙沼分場が1957年に東北区水産研究所の谷田専治増殖部長の斡旋により，移植試験の目的で青森県陸奥湾水産増殖研究所から稚貝を輸送し，唐桑町舞根で真珠養殖用金網籠を用いて垂下養殖を行ったのがはじまりである．へい死率は約70％と高かったが，生き残ったものはその後順調に成育した．1961〜1963年には，唐桑町舞根の畠山司がサロマ湖から稚貝を輸送し，養殖試験に成功している．1964年には唐桑町漁業組合の支援のもと，青森市奥内からトラックで稚貝を大量輸送し，ネット養殖，耳吊り養殖などの試行錯誤を行った．このころから，気仙沼湾のみならず，志津川湾や女川湾でも養殖を手がける者が増えるようになったので，気仙沼水産試験場でも漁業改良普及員や漁協青年団体の協力を得て，1966〜1968年の3ヶ年にわたって技術開発を行うとともに1967, 1968年度には気仙沼湾と志津川湾で養殖施設をつくって，財団法人かき研究所で人工採苗した稚貝6万個を養殖し，養殖技術の普及に努めた．

（4）地まき放流

　ホタテガイ稚貝をはじめて放流したのは前述のとおり木下虎一郎であると思われるが，漁獲量には直接結びつかなかったようである．

　ホタテガイ生息適地と底質，底生生物の関係を科学的に調査したのは西岡丑三と山本護太郎である．一般にホタテガイは沿岸地域に限って生息分布し，その生息水深は6〜30mで，泥粒直径が0.1mmより小さな泥の含有率が30％よりも

少ない泥混じりの砂礫底に分布するのが普通であると述べている．

1954年に小寺周一は飼育箱での中間育成を実験したが，11月中旬まで飼育すれば殻長2cm前後に成長し，へい死の起こる危険期が過ぎるので，その時期以降に放流すればよいとし，この当時は殻長2cmが目標となった．また，山本護太郎は，ホタテガイは年齢が増すにつれて，生息密度の影響が大きく現れるので，3年貝で5～6個/kgの大きさになるためには，5個/$m^2$以下になるよう放流量を制限する必要があるとしている．

サロマ湖では1965年ごろに延縄式施設による越冬種苗の生産が可能になり，1967年には常呂・湧別，1971年には猿払で1000万個体を超える大量放流が可能になった．

(5) 人工採苗

ホタテガイの増殖研究の初期において，1940年代に山本護太郎らは，その発生，生活史を明らかにするために，切開法により人工授精を行っている．同じくして，木下虎一郎らは，海水のpHを高めると同時に温度を5℃上昇させて産卵誘発させる実験を行った．この実験を参考に山本護太郎も温度刺激だけで放卵，放精の誘発ができることを確かめている．

1948年に山本護太郎は水槽での幼生飼育の試験も行い，付着稚貝を得ることができた．その後，かなりの期間人工採苗の研究は行われなかったが，ホタテガイの種苗の安定供給が必要であることから，1963～1975年に人工採苗の研究が行われた．のちに，天然採苗が軌道に乗り，必要量の種苗が安定的に供給できる見込みとなったために，人工採苗の研究は打ち切られた．

(6) 天然採苗予報

ホタテガイの採苗は安定性に欠けるところがある．陸奥湾においては，1982，1984年，1986年に採苗不振となった．噴火湾においても1992，1993，1998，1999年に未曾有の採苗不振に見舞われた．種苗を安定的に確保するためには，いつ，どこに採苗器を投入すればよいのかを予報する必要がある．このために，ホタテガイの産卵時期，浮遊幼生の出現時期と出現量の予測方法が検討されてきた．

山本護太郎は，1941年以来，浮遊幼生，付着稚貝の出現，出現量を指標として，産卵生態を検討した．これが日本での最初の浮遊幼生，付着稚貝調査であろう．その後，加藤貞一は，1960，1961年に生殖腺調査，浮遊幼生の出現量とその殻長の推移から付着盛期を推定した．

青森県では，むつ市大湊にあった研究所を，平内町茂浦に移転した1968年から，漁業者に迅速に研究成果を知らせるために，『青水増情報』を発行し，浮遊幼生，付着稚貝についての調査結果を速報した．1970年代の調査で，浮遊幼生の殻長が220 μmを超えた個体数が増加したときに採苗器を投入した場合に付着がよく，200 μm以上の出現率が50%以上になったときに，200 μm以上の最大出現量と採苗器1個あたりの稚貝付着数との間に関係があることがわかった．陸奥湾では，このことが根拠となり，殻長200 μmが50%を超えたときを採苗器投入の目安とし，調査毎の200 μm以上の浮遊幼生数を積算することにより，おおよその付着数が予想できるようになった．いまでも陸奥湾内の漁業研究会，水産業改良普及所，研究所などがホタテガイの浮遊幼生の定点調査を行って，その結果を「ホタテガイ採苗情報」として各漁業者に配布するようにしている．この結果をもとに，漁業者は採苗器を入れる時期を決めている．その後，同様な調査は北海道，岩手県，宮城県でも行われるようになった．　　　　〔小坂善信〕

### 4.2.2　ホタテガイの天然採苗・中間育成・本養殖・地まき増殖

陸奥湾では図4.29に示す工程で，ホタテガイの増養殖が行われており，その内容を以下に紹介する．

#### a.　天然採苗

ホタテガイの増養殖に用いる種苗は図4.30に示すような延縄式施設で，天然採苗により確保している．天然採苗に用いる採苗器は，稚貝の付着基質であるネ

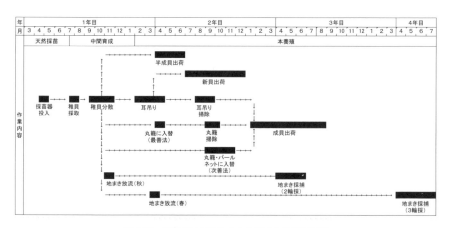

**図4.29**　陸奥湾におけるホタテガイの増養殖工程

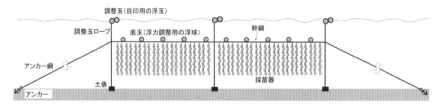

図 4.30　陸奥湾におけるホタテガイ天然採苗施設のイメージ

図 4.31　ホタテガイの採苗器（左上の付着基質は流し網，右下の付着基質はネトロンネット）

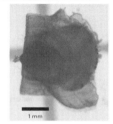

図 4.32　ニホンコツブムシ（上）と食害されたホタテガイ稚貝（下）

トロンネットや流し網にタマネギ袋などの外網を被せたものを用いる（図 4.31）．採苗器の付着基質の種類や量によって稚貝の付着数が異なるほか，外網の目合によって稚貝の成長が異なる．

　採苗器にはホタテガイを捕食する甲殻類のニホンコツブムシが付着（図 4.32）するが，1 個体で 1 日あたり 200～300 個体の稚貝が捕食される（小倉ほか，1989）ため，採苗器投入時に全長数 mm の小型のニホンコツブムシが多くみられる場合は，採苗器の内側に入り込まれないように目合の小さい外網を用いる必要がある．

　採苗器の投入時期はホタテガイの浮遊幼生の出現状況により，年によって 4～5 月と幅があるが，投入時期を誤ると採苗器に稚貝がほとんどつかない場合もあ

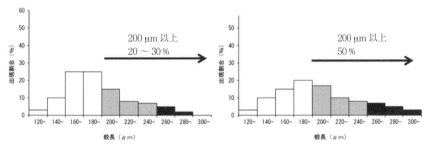

**図 4.33** 採苗器の投入適期のイメージ（左が早期投入，右が通常投入）

る．このため，青森県産業技術センター水産総合研究所では県，市町村，漁協，漁業者と協力して，毎年12〜5月に親貝の生殖巣指数の変化を調べて，産卵時期を推定したり，3〜5月に浮遊幼生のサイズ別出現密度を調べて，採苗器の投入適期を漁業者に情報提供している．

　ホタテガイの浮遊幼生は殻長 260〜300 μm で採苗器に付着するため，殻長 200 μm 以上の浮遊幼生の割合がおおむね 50 % になった時点で採苗器を投入するが，浮遊幼生の出現数が少ない場合は 20〜30 % で早めに投入している（図 4.33）．ホタテガイが大量付着したり，餌料競合生物である二枚貝のキヌマトイガイやムラサキイガイが付着すると，ホタテガイの成長が阻害されるため，採苗器は数回にわたって投入している．

　浮遊幼生の出現数が多い場合は採苗器に大量の稚貝が付着するほか，外側の袋が付着生物などで目詰まりして，稚貝の成長が悪化するため，付着基質に付着している稚貝の"間引き"や外網を交換する"袋替え"を行っている．採苗器には前述のとおり稚貝を捕食するニホンコツブムシのほか，ヒトデも付着することから，間引きや袋替えは食害生物の駆除も兼ねて行っている．間引きは，付着数の目安である採苗器1袋あたり約2万個になるように，付着基質を目で確認しながら数回ふるうことにより行っている．通常，間引きは目で確実に確認できる平均殻長2〜3 mm で行うが，採苗器に稚貝が大量に付着して日間成長量が低下する場合や，採苗器投入が5月中旬以降と遅く，稚貝採取が高水温の8月にずれ込みそうな場合は，平均殻長1〜2 mm で早期間引きを行っている（図 4.34）．

**b. 中間育成**

　稚貝採取は図 4.35 に示すような延縄式施設で行う．後述する本養殖施設も同様であるが，養殖施設1ヶ統に垂下する養殖籠の数がこの20年くらいでかなり

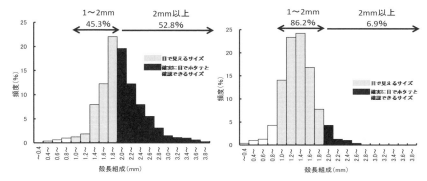

**図 4.34** 間引きや袋替え時の稚貝の殻長組成の例（左が通常間引き，右が早期間引き）

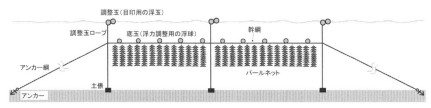

**図 4.35** 陸奥湾におけるホタテガイ中間育成施設のイメージ

**図 4.36** パールネット

　増加しており，流れの抵抗を受けやすくなったことから，アンカーを片側 2～3 丁に増強している施設もみられる．また，波浪や流れによる施設の動揺を軽減するため，従来の施設では幹綱の数ヶ所に土俵を設置していたが，養殖施設を管理する上で効率が悪いことから，土俵がまったくない施設が主流となっている．

　採苗器に付着した稚貝は 7～8 月になると 6～10 mm に成長し，そのままにしておくと成長量が低下したり，外網の内側に落ちて異常貝（4.2.4 項 b で後述）やへい死貝が発生するため，採苗器からふるい落として目合 1.5～2 分，段数 10 段のパールネット（図 4.36）に 100 枚程度で収容する．この作業を稚貝採取といい，例年は 7 月中旬から 8 月上旬に行うが，ホタテガイの産卵や採苗器投入が早い年は地区によって 7 月上旬から行う場合もある．逆に産卵や採苗器投入が遅い年や，大量付着で間引きに失敗すると 8 月中～下旬まで作業がずれ込む場合もある．パールネットの段数は，地区によっ

て漁場水深や作業効率を考慮して 8～14 段と幅がある．間引き時期に目合 1 分のパールネットに 1 段あたり数百枚で仮採苗し，8～9 月に目合 2 分のパールネットに 100 枚程度で本採苗する方法（大分けもしくは 2 回分け）もある．

　採苗器からふるい落とした稚貝は，ステンレス製の篩で大きいサイズを選別し，パールネットに収容する．稚貝の成長は年，地区，施設によって異なるため，篩の目合は適宜使い分けている．通常，目合 2 分のパールネットに入れる場合は，それより少し大きい目合 2.2 分の篩を用いるが，稚貝の成長が悪い場合は，多少小さい稚貝でもパールネットに付着して残ることから，目合 1.8 分の篩を用いる漁業者もいる．ステンレス製の篩のかわりに，同じ目合の提灯籠へ稚貝を入れ，船縁に吊り下げて，波による上下動で小さい貝を落とす方法もある．稚貝採取は 2～4 人の小人数により養殖施設で行う地区と，7～10 人の大人数により陸上で行う地区がある．

　秋になると殻長が 2～3 cm になり，そのままにしておくと成長量が低下したり，異常貝やへい死貝が発生するため，目合 2～3 分，段数 10 段のパールネットに 15～20 枚程度で収容する．この作業を稚貝分散とよび，例年 9 月中旬から 11 月下旬に行うが，稚貝の成長が悪い年は作業開始が遅れるほか，シケが多いと作業が進まないため，12 月や翌年 1～2 月にずれ込む場合もある．

　稚貝採取時と同様，パールネットの段数は地区によって漁場水深や作業効率を考慮して 8～14 段と幅があるほか，作業場所は少人数により養殖施設で行う地区と，大人数により陸上で行う地区がある．

　稚貝分散には振動式の選別機を用いる．選別機には振動する丸い穴の開いた選別板があり，その上を稚貝が通る際に小さい稚貝がふるい落とされる．通常，目合 3 分のパールネットに入れる場合，分散序盤は目合 5～6 分の選別板を用いるが，稚貝の成長とともに目合 7 分以上の選別板を用いるようになる．

　パールネットの網地は，繊維を編み込んだラッセルが多く使われているが，付着物が付きにくく，貝の成長がよいといわれている単繊維の蛙又も使われている．1 段あたりの収容枚数は，地まき放流向けや翌年 4 月から出荷する 1 年貝（半成貝）向けでは多く，2 年貝（成貝）向けでは少ない．

**c．本養殖**

　本養殖は図 4.37 に示すような延縄式施設で行う．秋にパールネットに分散した稚貝は，翌年 2～4 月になると殻長が 5～6 cm になるため，本養殖に移る．本養殖には，丸籠やパールネットを用いた籠養殖とロープに貝を吊るす耳吊り養殖

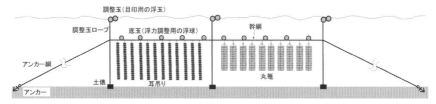

**図 4.37** 陸奥湾におけるホタテガイ本養殖施設のイメージ

**図 4.38** 本養殖の方法（左は耳吊り養殖，右は丸籠養殖）

の2つの方法がある（図 4.38）.

籠養殖は目合7分，段数10段の丸籠を用い，4～5月に分散を行う「最善法」と9～11月に分散を行う「次善法」とに分かれる．成長は次善法より最善法がよいが，付着物で目詰まりするため，秋に籠替えや籠掃除を行う必要がある．丸籠1段あたりの収容枚数は出荷形態で異なり，活貝用に大きい貝をつくる場合は数枚と少なく，加工用貝をつくる場合は10枚以上と多い．パールネットの場合は目合4分，段数10段で，収容枚数は1段あたり4～6枚である．丸籠，パールネットの網地は，付着物の少ない単繊維の蛙又が多いが，パールネットの場合は貝の安定性がよく，異常貝になりにくいラッセル網地を用いる漁業者もいる．稚貝採取，稚貝分散と同様，作業場所は少人数により養殖施設で行う地区と，大人数により陸上で行う地区がある．

耳吊り養殖は，外耳部にドリルで穴を開けて，そこにテグスやアゲピンを通してロープにつなぐ方法で，おおむね2～4月に行われるが，早い地区では1月から開始するほか，5月まで行っている地区もある．耳吊り養殖は籠養殖に比べると成長がよい反面，ロープに貝をつなぐ作業に手間がかかり，人手も多く要する．このため，最近ではロープにアゲピンを通し，貝に穴を開け，アゲピンに貝をつなぐ一連の作業を，1台の機械で連続して自動で行うことができる全自動耳吊り装置の普及も進んでいる．作業はすべて漁業者の作業小屋で行われる．

### d. 地まき増殖

パールネットで中間育成した稚貝を海底に放流し，2～3年で採捕する地まき

増殖という生産方法がある．採捕は桁網という漁具で海底を曳いたり，潜水により行う．放流は殻長3cm程度で11月ごろに放流する「秋まき」と，翌年3〜4月に殻長5cm程度で放流する「春まき」に分かれる．放流してから採捕するまで2〜3年かかるため，漁場を2〜3区画に分けて，放流と採捕を順番にくり返していく「輪採制」を用いている．漁場にはホタテガイの食害生物であるキヒトデ，ニホンヒトデが生息していることから，稚貝を放流する前には桁網を曳いて駆除する．放流枚数は採捕効率や成長を考えて1m$^2$あたり6個体を目安としている．

〔吉田　達〕

### e．北海道における地まき増殖

北海道のオホーツク海沿岸ならびに根室湾沿岸では，種苗放流と輪採制による地まき増殖がさらに大規模に営まれている．それぞれの漁業協同組合が管理している水深30〜50m前後の地先海域を区画に分け（多くの場合4区画），毎年春に1つの区画に中間育成を終えた越年種苗（1歳貝）を放流し，放流して3年後の4歳貝を春から秋にかけて桁網を用いて漁獲するという方法である．漁獲した翌年の春に，取り残しのホタテガイを漁獲するとともに，ホタテガイの天敵であるヒトデ類を駆除し，その後に種苗を放流する．

中間種苗の入手先は海域によって異なる．サロマ湖周辺海域では周囲の外海で採苗・中間育成した種苗を放流しているが，その他の海域では，おもに北海道日本海沿岸で採苗・中間育成された種苗，加えて知床半島羅臼，噴火湾などで採苗・中間育成された種苗を，購入して放流している．放流量は海域によって異なるが，一漁業協同組合単位で年間3億個近い量を放流している海域もある．

この地まき増殖は，漁業者によって構成された団体によって営まれている．構成員は種苗購入代金を負担する．サロマ湖周辺においては，構成員自身が採苗・中間育成した種苗を放流用に提供する．団体は，漁業者に委託するなどの方法でホタテガイを漁獲し，漁業協同組合を通して，あるいは直接，流通業者や加工業者などに販売する．団体が得た利益は構成員に対し配当金として分配される．配当金の分配方法はそれぞれの団体で異なり，種苗の提供量や構成員である期間，年齢なども加味して決められている．新たに団体の構成員になるためには，5年から10年間程度，漁業組合に属した漁業者として種苗放流などの作業に参加することが求められることが多い．また，構成員に定数や定年制を定めている団体，ある年齢に達したらじょじょに配当金を減らすなどの方式を導入している団体などもある．

大規模種苗放流と輪採制による地まき増殖は，1971年に猿払村ではじまった．猿払村での成功を受け，オホーツク海沿岸を中心に広まっていった．その結果，1960年代には1万t以下であった北海道のホタテガイ漁獲量（養殖を除く）は，1970年代からほぼ右肩上がりに増加し，1990年代には20万tを超えるようになり，現在も20万tから30万tが維持されている．このホタテガイの地まき増殖の成功は地域の経済を大きく活性化した．たとえば，かつて寒村であった猿払村は，2016年の納税者1人あたりの平均所得が，全国の市町村全体の4位に位置している．

〔良永知義〕

### 4.2.3 ホタテガイの成長と養殖可能数量
#### a. ホタテガイの成長

陸奥湾における垂下養殖と地まき増殖のホタテガイの成長に伴う軟体部重量の変化を図4.39に示した．垂下養殖貝については，陸奥湾の水温が9月上旬にピーク（図4.40）を示すため，夏〜秋に軟体部重量が減少するが，水温の低下とともに活発に摂餌することや，成熟に伴って生殖腺重量が増加することから，軟体部重量は10〜3月にかけて増加する．ホタテガイの産卵時期は2〜3月のため，生殖腺重量の減少に伴い，軟体部重量も減少するが，2〜3月のブルーミング（図4.41）で増殖した植物プランクトンやデトライタスを活発に摂餌することで，4〜7月にかけて軟体部重量がふたたび増加する．地まき増殖貝も似たような傾向を示すが，垂下養殖貝より成長が遅い．

ホタテガイの成長には養殖籠内の収容密度が大きく関係する．陸奥湾でパールネットに収容した半成貝の成育状況を5月に調査すると，収容密度と全重量には

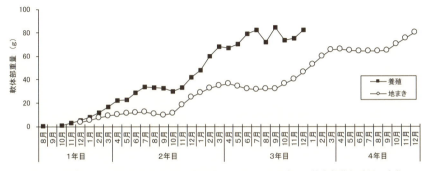

図4.39 陸奥湾における垂下養殖と地まき増殖のホタテガイの成長に伴う軟体部重量の変化

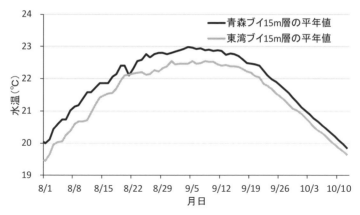

**図 4.40** 陸奥湾の水温観測ブイにおける 15 m 層の水温の季節変化

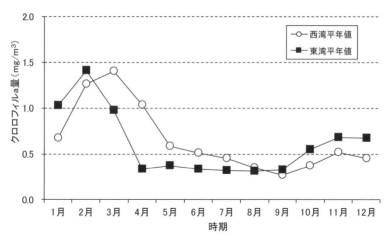

**図 4.41** 陸奥湾における植物プランクトン量の目安であるクロロフィル a 量の季節変化

負の相関関係がみられる（図 4.42）.

ホタテガイの成長量については，前述のとおり漁場環境や収容密度の影響を受けるが，漁業者が翌年の生産計画を早めに立てることができるように，図 4.43 に示すとおり，12 月～翌年 3 月の水温，10 月～翌年 3 月の植物プランクトン量，秋の稚貝分散時の殻長，収容枚数，時期を用いて，翌年 4 月における半成貝の全重量の予測（山内ほか，2017）を行っている．ホタテガイの全重量に与える影響の度合いは，以下の順番であることもわかってきた．

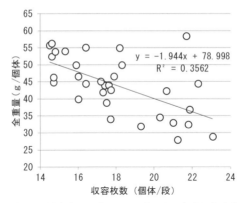

図 4.42 陸奥湾におけるパールネットに収容した半成貝の収容密度と全重量の関係

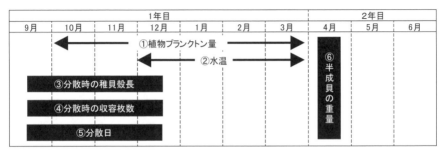

図 4.43 半成貝の成長予測のイメージ

稚貝分散時期＞稚貝殻長＞収容枚数＞水温＞植物プランクトン量

水温や植物プランクトン量は人為的にどうすることもできないが，幸い稚貝分散の時期，分散時の稚貝殻長と収容枚数の影響度が大きいことから，良質な半成貝を安定生産するためには，稚貝分散時は大きい稚貝を適正枚数で早めにパールネットに収容することが重要である．

### b. 養殖可能数量

前述のとおり養殖籠内の収容密度を多くすると，ホタテガイの成長量は低下することがわかっているが，陸奥湾全体を1つのホタテガイ養殖場としてみた場合でも，同様のことが考えられる．

ホタテガイの餌料生物は前述のとおり植物プランクトンであるが，その増殖量を基礎生産量といい，基礎生産量が多ければ，ホタテガイの生産量も多くなる．

**表 4.2** 陸奥湾における 10 月時点でのホタテガイ適正収容量

単位：$10^3$ 個体

| | | 養殖 | | 地まき | | | 合計 |
|---|---|---|---|---|---|---|---|
| | 種類 | 稚貝 | 1年貝 | 稚貝 | 1年貝 | 2年貝 | |
| 適正収容量<br>(1974～1975年調査) | 養殖 | 444450 | 147890 | | | | |
| | 半成貝 | 264490 | | 234000 | 201290 | 119900 | |
| | 小計 | 708940 | 147890 | | | | 1412020 |
| | 合計 | 856830 | | 555190 | | | |
| 適正収容量<br>(2000～2003年調査) | 養殖 | 496099 | 235763 | | | | |
| | 半成貝 | 327789 | | 139543 | 113527 | 49270 | |
| | 小計 | 823888 | 235763 | | | | 1361991 |
| | 合計 | 1059651 | | 302340 | | | |

陸奥湾では 1974～1975 年に基礎生産量調査を行って，それをもとに養殖可能量を推定（表 4.2）しているが，その後の漁場環境の変化により，2000～2003 年に再調査（吉田ほか，2004）を行って見直しを行った．

図 4.44 にホタテガイ増養殖漁場における有機炭素を指標とした物質循環を示した．ホタテガイの餌料生物である植物プランクトンはホタテガイだけでなく，動物プランクトン，養殖籠などへの付着生物，海底に生息する底生生物の餌料にもなっているため，ホタテガイの生産量を推定するために，これら餌料競合生物の現存量も推定したほか，それぞれの摂餌量，排出量も推定した．さらに外海から内湾への餌料生物，デトライタスの流出入量や表～中層から底層への沈降量なども推定した．

これらの調査結果を用いて，陸奥湾の西湾・東湾におけるホタテガイを中心とした月別餌料収支を炭素ベースでそれぞれ計算した．図 4.45 は養殖漁場における結果である．この結果をもとに，10 月時点でのホタテガイの適正収容量を試算したところ，養殖用の稚貝が 8 億 2389 万個体，1 年貝が 2 億 3576 万個体，地まき用の稚貝が 1 億 3954 万個体，1～2 年貝が 1 億 6280 万個体，合計で 13 億 6199 万個体と考えられた．

適正収容量はあくまでも目安でしかなかったため，その後も半成貝を中心に増産傾向が続いた結果，ついには 2009 年に過剰生産で価格が暴落した．このため，適正収容量をベースに新たに実施した経営シミュレーション結果も加え，陸奥湾全体で約 9 万 t の生産量を順守するホタテガイ適正養殖可能数量（Total Allowable Scallop Culture：TASC）制度が創設された．

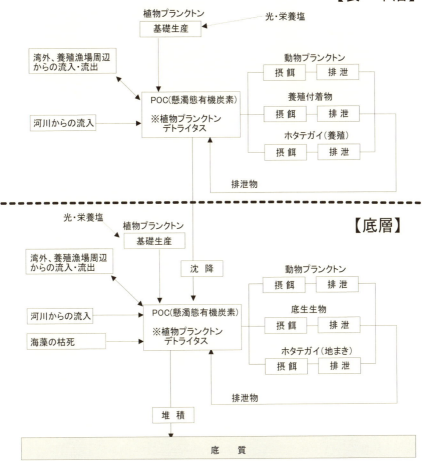

**図 4.44** ホタテガイ増養殖漁場における有機炭素を指標とした物質循環

## 4.2.4 ホタテガイのへい死対策と付着生物対策

### a. 夏季へい死対策

(1) ホタテガイの高水温耐性とへい死メカニズム

ホタテガイは冷水性二枚貝のため高水温に弱いが,陸奥湾では 2010 年に中層水温が 26℃台となる異常高水温が発生し,全湾平均で約 7 割のホタテガイがへい死した.

ホタテガイの年齢別の水温耐性とへい死のメカニズムは図 4.46 のとおりであ

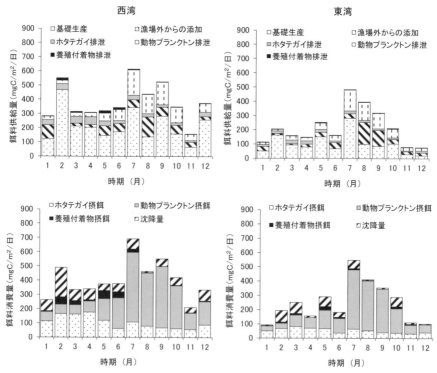

図 4.45 ホタテガイ養殖漁場における有機炭素を指標とした餌料収支（上段は供給量，下段は消費量，左が西湾，右が東湾）

り，7月から出荷する1年貝（新貝）や成貝は20℃で成長が止まり，それ以降は中腸腺や貝柱のエネルギーを使って生命を維持するが，24℃以上になるとエネルギーの消耗が激しくなり，最後はエネルギー不足でへい死する（小谷ほか，2015）．稚貝は23℃を超えると成長が止まり，新貝と同様に水温が高くなるほどエネルギーの消耗が激しくなり，最後はエネルギー不足でへい死する．稚貝，新貝とも27℃以上になると，鰓による呼吸ができなくなり，急死する．

中腸腺や貝柱といった軟体部の重量差が，高水温時の生残率を左右する重要なポイントであるとすれば，高水温が長引いた場合，全重量に対する軟体部重量の割合である軟体部歩留りが高い貝は，歩留りの低い貝よりも先にへい死する可能性がある（図 4.47）．

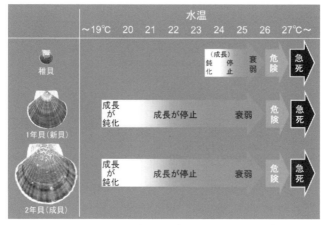

**図4.46** ホタテガイの年齢別，水温別のへい死メカニズム

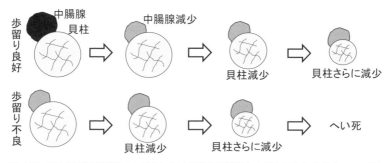

**図4.47** 高水温が長期間続いた場合における軟体部歩留りの異なるホタテガイのへい死に至るイメージ

(2) 稚貝に関する養殖作業の注意点

稚貝は23℃までは成長すること，高水温時はエネルギーの消費が激しくなることから，稚貝採取をできる限り早く行って，23℃以上の高水温になった時点で歩留りの大きい稚貝を保有していることが重要である．また，図4.48に示すとおり，稚貝は高水温に酸欠や流れによるぶつかり合いの影響が加わることでへい死率が高くなる（吉田ほか，2003）ため，稚貝採取時は以下の点に注意する必要がある．

①稚貝は乾燥に弱いため，作業は早朝の涼しい時間帯に行い，稚貝を収容したタライや水槽の水温が上がらないように，シートなどで直射日光を防ぐとともに，

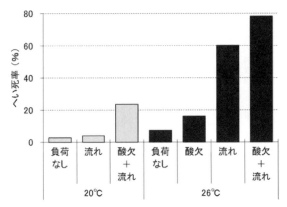

図 4.48 水温，流れ，酸欠の複合的負荷による稚貝のへい死率

手早く作業を行う．

②水温が 26℃ を超えると呼吸や摂餌のために重要な器官である鰓に障害が生じ，稚貝採取後にへい死する危険性が高まるため，26℃を超える場合は稚貝採取作業をやめる．

③タライや水槽を止水にすると約 20 分で酸欠になるため，海水をかけ流しにするか，頻繁に交換する．表面水温が高いときは，水温の比較的低い，深い水深帯から海水を汲み上げて作業を行う．

パールネットに採取後は，波浪，流れ，高水温の影響を軽減するため，以下の点に注意する必要がある．

①収容枚数が多いと摂餌不良でエネルギー不足に陥りやすいため，パールネット 1 段あたりの収容枚数を適正にする．秋の稚貝分散が遅れる可能性がある際には収容枚数をさらに少なくする．

②稚貝の活力を確認するため，採取後の稚貝がパールネットに付着しているか確認する．

③幹綱水深が浅いと高水温でエネルギーを多く消費するほか，波浪や流れによるぶつかり合いも多くなり，エネルギー不足で傷を修復できないことから，施設をできる限り下層に沈める（図 4.49）．

④施設には土俵を，パールネットにはオモリをつけて，安定させる．

異常高水温時には軟体部が限界まで痩せるため，水温が 23℃ 以下になっても稚貝はすぐに成長しないことから，稚貝分散後のへい死を防止するためには，稚

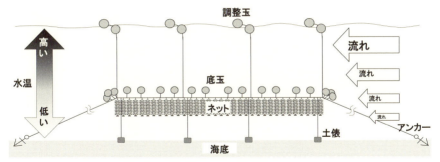

**図4.49** 下層に安定させた養殖施設のイメージ

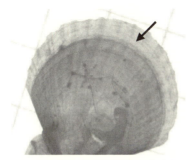

**図4.50** 新たに形成された貝殻(矢印)

貝の回復の目安となる新たな貝殻形成(図4.50)を確認してから作業を行うことが重要である.

(3) 新貝の養殖作業の注意点

新貝は20℃で成長が止まること,高水温時はエネルギーの消費が激しくなることから,成貝づくりのために夏を越す貝は,軟体部歩留りの高い貝でなければならない.また,稚貝と同様に波浪,流れ,高水温の影響を軽減するため,以下の点に注意する必要がある.

①異常貝率の高い貝は活力が低く,へい死する危険性が高いので,越夏用の貝としては不適.

②パールネットや丸籠1段あたりの収容枚数を適正にする.

③施設をできる限り下層に沈める.養殖籠や耳吊りの下段が海底に着底しても,施設を浮かせると全滅する危険性があるので,浮力調整用の浮玉(底玉)の追加作業(玉つけ)は行わない.

④高水温時はストレスでエネルギーを消費するので,へい死確認のために施設の上げ下げを行わない.

⑤耳吊り掃除や籠掃除,パールネットから丸籠への入れ替え作業は,水温が20℃以下に低下し,貝の成長がみられるようになってから行う.異常貝が多かったり,高水温による活力の低下が著しい場合は,付着物の掃除も控える.

### b. 冬季へい死対策

ホタテガイは水温が低い冬季にも大量へい死する場合があり，へい死が多い養殖施設では，異常貝も多くみられる．異常貝には，黄褐色の物質が貝殻内面に固着した内面着色と，貝殻が欠ける欠刻の2種類（図4.51）がある．原因はいずれも外套膜の外傷であり，流出した血液成分などが固まると内面着色になるほか，外套膜での貝殻形成機能が低下し，外傷部分の成長が止まると欠刻になる．

ホタテガイはもともと海底の砂に潜って静的な環境で生活する生き物であり，養殖施設という動的な環境下では，流れや波浪の影響で，ホタテガイ同士がぶつかったり，籠やロープに擦れたりするため，ホタテガイの外套膜に外傷が生じる．

ホタテガイの養殖施設には幹綱水深を調整するための目印玉（調整玉）があるが，この調整玉が波浪でもち上げられ，その真下の幹綱付近の養殖籠が上下動して，ホタテガイに外傷が生じる（図4.52）．

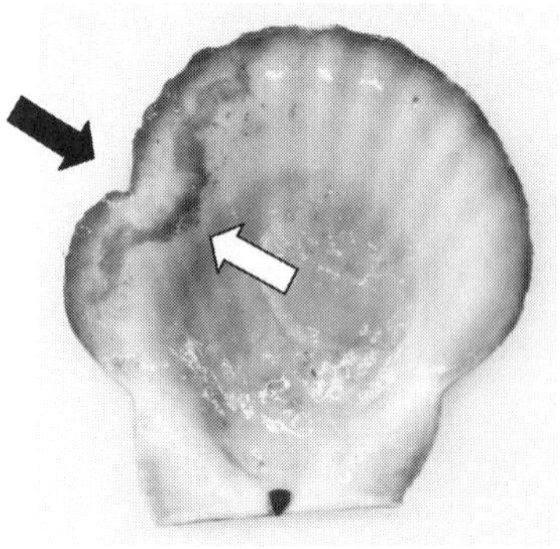

養殖施設や養殖籠は波浪によりつねに上下動するわけではない．シケが多い2～3月における養殖施設の幹綱に取りつけたメモリー式加速度計とメモリー式深度計のデータを図4.53に示した．2月は幹綱の水深が約12mと一定であり，幹綱の上下動の指標となる加速度が大きい．3月に入ると幹綱が少しずつ沈み，加速度が小さくな

**図4.51** 異常貝（白矢印が内面着色，黒矢印が欠刻）

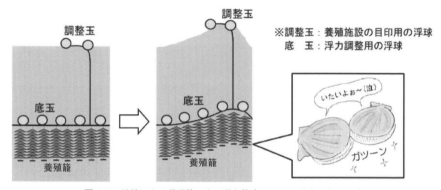

**図4.52** 波浪による養殖籠の上下動と籠内のホタテガイのイメージ

るが，幹綱が16 mまで沈んだ時点で底玉を幹綱につけ，幹綱が8〜10 mに浮上すると加速度が大きくなることから，上下動の原因が底玉のつけ過ぎによる過剰浮力であることがわかる．過剰浮力となった場合，図4.53上の写真②のように調整玉が流されているため，幹綱に近い1個目の調整玉が少し沈むように調整する必要がある．最近の漁船は魚群探知機を装備している場合が多いことから，画面で幹綱水深を確認しながら調整を行う漁業者もいる．

養殖施設や養殖籠が波浪により上下動することでホタテガイのへい死が必ず発生するわけではない．約4 cmと約6 cmのホタテガイをパールネットに20個体ずつ収容し，室内水槽で機器により10日間連続して上下動負荷を与えると，6日目から4 cmの貝が死にはじめ，試験終了時には4 cmの貝のへい死率は3割に達したが，6 cmの貝はへい死しなかった（森ほか，2017：図4.54）．上下動中は両試験区ともに貝殻を閉じるため，摂餌量が減少することから，呼吸や閉殻に

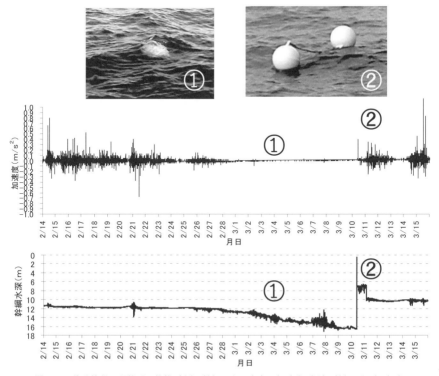

**図4.53** 養殖施設の調整玉の状態（上），幹綱の上下方向の加速度（中），幹綱の深度（下）

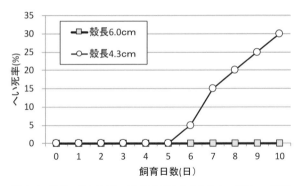

**図 4.54** 殻長の異なる貝に上下動負荷を与えた場合の累積へい死率

は貝柱や中腸腺のエネルギーを消費する．その結果，軟体部の少ない殻長の小さい貝はエネルギー切れを起こし，呼吸や閉殻ができなくなると考えられた．さらに小さい貝は水中重量が軽く，養殖籠内で舞い上がりやすいため，閉殻できなくなった貝がかみ合わせや籠に擦れることで外傷が生じてへい死するものと考えられた．

漁業者から「シケでホタテは死なない」という言葉を聞くが，「シケだけではホタテは死なない」が正解であろう．冬季におけるホタテガイの大量へい死は，①1週間以上シケが続く，②過剰な玉つけで養殖施設が不安定，③軟体部の少ない殻長の小さい稚貝を収容，という3つの条件が揃った場合に発生するほか，低水温で摂餌が不十分な場合はエネルギー切れを起こしやすいことから，大量へい死の危険性がさらに高まると考えられる．

以上のことから，冬季におけるホタテガイのへい死を軽減するため，以下の点に注意する必要がある．

①玉つけは控えめにして，養殖施設に過剰浮力が生じないようにする．

②調整玉の箇所数が多いほど波浪の影響を受けやすいため，箇所数を減らして，かわりに魚群探知機を使って養殖施設の沈み具合を確認する．

③波でもち上げられにくい浮力の小さい調整玉を使うかわりに，すぐに沈んで見失わないように数個を数珠つなぎにする．

④水深が深くなるほど，上下動しにくくなるので幹綱水深を深めにする．

⑤冬季でも流れの影響があることから養殖籠にオモリをつけて，幹綱を支点とした振り子運動を減らす．

⑥収容枚数を少なくして，養殖籠内でのホタテガイ同士のかみ合わせや籠への

擦れを減らす．

**c. 付着生物対策**

　ホタテガイの養殖籠にはさまざまな付着生物が付着するが，付着量が多いとホタテガイの成長不良や作業の重労働化を招く．以下に陸奥湾でとくに問題となっている付着生物ごとの生態と付着対策を示す．

(1) 二枚貝

　養殖籠に付着するおもな二枚貝はムラサキイガイとキヌマトイガイである．ムラサキイガイの浮遊幼生は4～6月と10～1月の年2回，キヌマトイガイの浮遊幼生は1～6月にかけて出現し，年によって変動がみられるほか，西湾よりも東湾で多い傾向を示す（図4.55）．

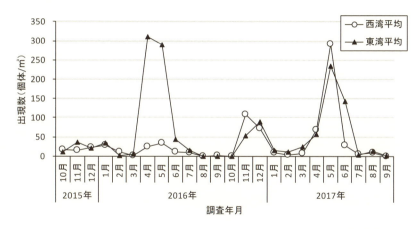

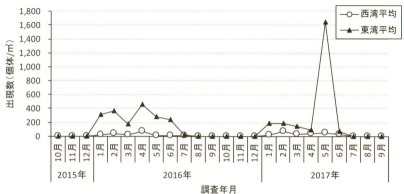

**図 4.55**　陸奥湾におけるムラサキイガイ（上）とキヌマトイガイ（下）の浮遊幼生の時期別出現数

両種とも4～5月に投入した採苗器に付着した場合は，袋替えや適期に稚貝採取を行うことにより，パールネットへの付着を防止できる．2～4月に耳吊りした貝や4～5月に入れ替えした丸籠の貝に付着した場合は，秋に船上で掃除機により除去している．次善法用で稚貝を収容したパールネットは翌年秋までの1年間，養殖施設に垂下しなければならないため，ムラサキイガイとキヌマトイガイが出現する時期や水深の特性をもとに，図4.56に示すような水深調整（小坂ほか，1994）を行うことにより，付着を軽減している．

(2) ホヤ類

養殖籠にはさまざまなホヤ類が付着するが，とくに問題となるのはユウレイボヤである．浮遊幼生は9～12月と4～8月の年2回出現し，年によって変動がみられるほか，東湾よりも西湾で多い傾向を示す（図4.57）．秋は水温が20℃に低下したころに産卵すること，浮遊幼生の浮遊期間はおおむね2日と短く，拡散する範囲はそれほど広くないこと，表層よりも中層で浮遊幼生出現数と養殖籠への付着量が多いことから，秋の稚貝分散時の作業時期や幹綱水深を調整することで付着を軽減している．なお，12～3月の平均水温が8℃以上であれば，浮遊幼生の出現数にかかわらず養殖籠への付着量が少ないこともわかっている．

(3) ハイドロゾア

養殖籠や耳吊りロープには海藻とよく似たハイドロゾアが付着するが，陸奥湾

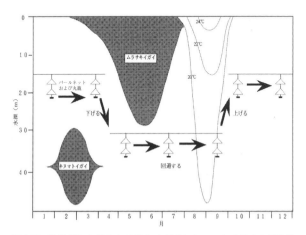

**図4.56** 陸奥湾におけるムラサキイガイとキヌマトイガイの浮遊幼生の出現時期，水深と水深別の水温，養殖籠の水深調整のイメージ

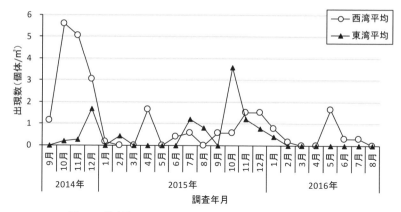

図 4.57　陸奥湾におけるユウレイボヤの浮遊幼生の時期別出現数

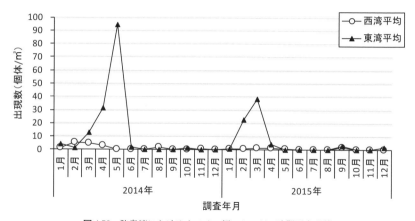

図 4.58　陸奥湾におけるオベリア類のクラゲの時期別出現数

でとくに問題となっているのはオベリア類である．前述の二枚貝類やホヤ類と異なり，増殖時期に放出されるクラゲの出現数をモニタリングしている．クラゲは2～5月に出現し，年によって変動がみられるほか，西湾よりも東湾で多い傾向を示す(図 4.58)．ユウレイボヤと同様，12～3 月の平均水温が 8℃ 以上であれば，クラゲの出現数にかかわらず養殖籠への付着量が少ない．付着時期が春の出荷時期と重なっていることから，二枚貝類やホヤ類と異なり，抜本的な付着防止策がないのが現状である．

〔吉田　達〕

## 文　　献

青森県（1988）．青森県水産史．
木下虎一郎（1935）．北水試旬報，**273**，1-8．
小坂善信，永峰文洋ほか（1994）．青水増事業報告書，**23**，222-223．
小坂善信（2017）．水産増殖，**63**（3），271-287．
工藤喜代作（2000）．むつ湾の灯―養殖と組合に生きる―，自費出版．
森　恭子，吉田　達ほか(2017)．平成27年度青森県産業技術センター水産総合研究所事業報告，373-426．
小谷健二，吉田　達ほか（2015）．平成25年度（地独）青森県産業技術センター水産総合研究所事業報告，377-382．
小倉大二郎（1989）．青水増事業報告書，**18**，137-141．
境　一郎（1976）．日本におけるホタテガイ増養殖，水産北海道協会．
寺島良安（1716）．和漢三才図会　47．
津幡文隆（1982）．陸奥湾ホタテガイ漁業研究史（青森県　編）．
山本護太郎(1964)．水産増養殖叢書6　陸奥湾におけるホタテガイ増殖，日本水産資源保護協会．
山内弘子・吉田　達（2017）．平成28年度青森県産業技術センター水産部門事業概要年報，45-46．
吉田　達，小坂善信ほか（2003）．青水増事業報告書，**32**，165-186．
吉田　達，吉田雅範ほか（2004）．*Bull. Aomori Pref. Fisher. Res. Centr.*, **4**, 1-30．

# 5

## 貝毒と疾病

### 🌙 5.1 貝　　毒

　アサリ，ホタテガイ，ムラサキイガイ，カキなどの二枚貝は，海水中の浮遊プランクトンなどを餌としているため，プランクトンが生産する有毒物質を蓄積して毒性をもつようになる．二枚貝自身は毒を生産しないが，これを貝毒とよぶ．二枚貝の種類によって，毒の蓄積や代謝の度合いが違うため，貝によってどの組織にどのぐらい毒性をもつかは異なる．しかし，一般的には主として中腸腺に毒を蓄積し，生殖腺や外套膜などにも検出される場合がある．二枚貝以外に，ホヤ，カニ，ロブスターからも貝毒が検出され，これらが食中毒の原因になる場合もある．ホヤは二枚貝と同様にプランクトンを餌にするからであり，カニやロブスターは，二枚貝を餌とするために毒が移行したと考えられる．

　本章では，おもな貝毒として，麻痺性貝毒，下痢性貝毒，記憶喪失性貝毒，神経性貝毒を中心に紹介する．それぞれの貝毒の名前は，特徴的な症状に由来する．これらの貝毒は，日本国内のみではなく，世界各地で発生し，国際的に監視されているが，発生プランクトンの種類や頻度，さらに多量に食される二枚貝の種類は世界各地で少しずつ違うため，各国の独自の対応も重要である．日本では，二枚貝生産海域から流通に至る段階的な貝毒の監視体制が整備されており，監視の対象は麻痺性貝毒と下痢性貝毒である．

#### 5.1.1　麻痺性貝毒

　麻痺性貝毒（paralytic shellfish toxins: PSTs）は，サキシトキシン（Saxitoxin: STX）とその類縁体であり，現在 50 種ほど知られている．サキシトキシンと類縁体の一部を図 5.1 に示した．サキシトキシンは 1950 年代前後にアメリカ合衆国でアラスカバタークラムからはじめて単離され，1975 年に X 線結晶構造解析

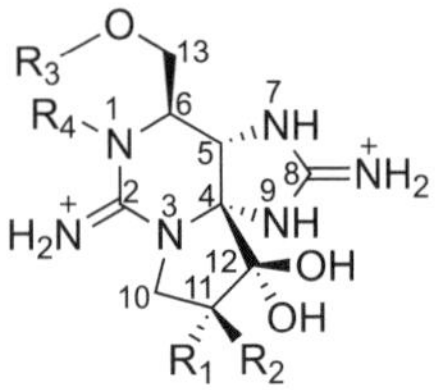

| PST | $R_1$ | $R_2$ | $R_3$ | $R_4$ | Toxicity (ip) [MU/μmol] |
|---|---|---|---|---|---|
| STX | H | H | $C(O)NH_2$ | H | 2483 |
| neoSTX | H | H | $C(O)NH_2$ | OH | 2295 |
| dcSTX | H | H | H | H | 1274 |
| GTX1 | $OSO_3^-$ | H | $C(O)NH_2$ | OH | 2468 |
| GTX2 | $OSO_3^-$ | H | $C(O)NH_2$ | H | 892 |
| GTX3 | H | $OSO_3^-$ | $C(O)NH_2$ | H | 1584 |
| GTX4 | H | $OSO_3^-$ | $C(O)NH_2$ | OH | 1803 |
| GTX5 | H | H | $C(O)NHSO_3^-$ | H | 160 |
| C1 | $OSO_3^-$ | H | $C(O)NHSO_3^-$ | H | 15 |
| C2 | H | $OSO_3^-$ | $C(O)NHSO_3^-$ | H | 239 |

**図 5.1** おもな麻痺性貝毒群の化学構造とマウス腹腔内投与毒性（大島，1995）

により化学構造が決定された．特徴的な2つの環状グアニジニウム基を含み，計3つの環からなる構造をもつ．サキシトキシンは，分子量299の小さな分子ではあるが，7個の窒素原子（N）をもち，化学的にも興味深い化合物である．サキシトキシンの類縁体は，サキシトキシン群（STX，neoSTX，dcSTX）のほかに，11位の炭素（C）に硫酸エステル基（$OSO_3^-$）をもつゴニオトキシン群（Gonyautoxins: GTX1-5 など）や，N-スルホカルバモイル基（$C(O)NHSO_3^-$）をもつCトキシン群（C1，C2 など）の3群に大きく分類される．このように多くの類縁体が存在するため，麻痺性貝毒の化学的な分析は複雑になる．麻痺性貝毒は，水に溶けやすく，油に溶けにくい毒であり，熱に安定であるため，加熱しても毒性はほとんど残る．

　サキシトキシンは上記のように多くの類縁体があり，各類縁体のマウスに対する腹腔内投与毒性（マウスユニット［MU］/μmol，MU については後述参照）の比較がなされた（図5.1）．この比較から，サキシトキシンの構造の中でどの部分が毒性により強く関わるのかについて研究がなされ，C11位の硫酸エステル基（$R_1, R_2$）の有無は毒性に大きく影響しないことがわかった．また，1位の窒素（N1）がヒドロキシ化（$R_4$）されても，毒性に大きく影響しない．しかし，C6の側鎖のO-カルバモイル基（$R_3$）が加水分解されてヒドロキシ基になると，毒性は約半分に減少する．さらに，$R_3$のO-カルバモイル基の窒素が硫酸化されると劇的に毒性が低下する．また，C12位の抱水型ケトン（ケトンに水が付加した構造）を還元すると，毒性が大きく低下する．これらのデータから，C12位の抱水型ケトン，5員環グアニジニウム基，および C6位の側鎖（C13）の構造が麻痺性貝

毒の毒性に大きく関わると考えられる．これらの情報は，後述の電位依存性ナトリウムチャネルとサキシトキシンの結合モデルを考える上で重要である．

日本ではおもに，海産プランクトンの渦鞭毛藻 *Alexandrium tamarense*, *A. catenella*, *A. tamiyavanichii*, *Gymnodinium catenatum* の4種が麻痺性貝毒を生産し，アサリ，ホタテガイ，カキなどの二枚貝が餌として取り込んで毒をもつようになる．これらの二枚貝に含まれるおもな麻痺性貝毒は，図5.1のC1，C2とGTX1，2，3，4であるが，一部の海域の *G. catenatum* はGTX5，6が主要毒である．フィリピンなど熱帯地方では，*Pyrodinium bahamense* var. *compressa* がおもな原因プランクトンである．サキシトキシンの生産に関与すると推定された遺伝子が，*Alexandrium fundyense* と *A. minutum* から発見されている．麻痺性貝毒を生産するプランクトンは，温帯および熱帯域に生息するため，日本では北海道から沖縄まで麻痺性貝毒が発生し，世界でもアジア（中国，台湾，韓国，香港，フィリピンなど），ヨーロッパほぼ全域，北中南アメリカ（アメリカ合衆国，カナダ，メキシコ，チリ，アルゼンチン），南アフリカ，オセアニア（オーストラリア，ニュージーランド）などで確認されている．日本では，1948年に愛知県豊橋市で，アサリにより12名の中毒が報告され，現在までに約20件170名以上（死者4名を含む）の中毒患者が記録されている．また，北アメリカ，南アメリカ，オーストラリア，ヨーロッパなどでは，*Anabaena*, *Cylindrospermopsis*, *Aphanizomenon*, *Lyngbya* 属などの淡水および海水に生息する藍藻も麻痺性貝毒を生産し，その生産に関わる遺伝子も同定され，その遺伝子は渦鞭毛藻と藍藻とで部分的に類似している．海外では湖沼などにこれらの有毒な藍藻が繁殖し，その水を飲んだ家畜に中毒被害がでた例がある．日本では現在までに麻痺性貝毒を生産する藍藻株は見つかっていない．

サキシトキシンの生合成経路については，1980年代に清水らによりL-アルギニンから生合成されることが証明された．筆者らは，化学合成で生合成中間体（A′，C′2，11-ヒドロキシC′2，E′）の化学構造を証明し，サキシトキシン類縁体の生合成経路を図5.2に示すように推定した．これらの生合成中間体は，海産渦鞭毛藻 *A. tamarense*（Axat-2株）と淡水産藍藻 *Anabaena circinalis*（TA04株）に共通して存在していた．

日本における麻痺性貝毒の監視は，毒生産種として *Alexandrium* 属と *Gymnodinium* 属が対象種であり，これらのプランクトンの出現を監視することは，生産海域における二枚貝の毒化を事前に予測して，監視を強化するための重

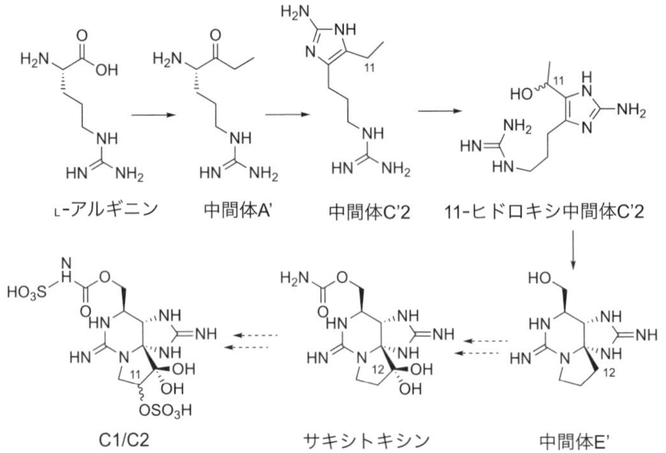

**図 5.2** 麻痺性貝毒生合成中間体と推定生合成経路（土屋ほか, 2017）

要な情報となる．出現情報は水産試験研究機関や行政部局より，ウェブサイトなどでも公開されている．また，定期的に二枚貝中の麻痺性貝毒による毒性が調べられている．麻痺性貝毒の規制値である，可食部 1 g あたりの毒量が 4 マウスユニットを超える貝の販売などを行うことは，食品衛生法の規定に違反するものとして取り扱うと厚生労働省が通達している．マウスユニットは，動物実験により毒の量を表す単位で，麻痺性貝毒の場合は，ddY系の雄の体重 19〜21 g のマウスに検体を腹腔内投与し，マウス 1 匹が 15 分で死ぬ毒量である．なお，サキシトキシンのマウスの腹腔内投与での急性毒性は，半致死量 $LD_{50}$（投与された半分の数のマウスが死ぬ毒量をマウスの体重 1 kg あたりで表した値）が 10 μg/kg である．しかし，国際的な食品規格 Codex（コーデックス）では，サキシトキシンの最大許容濃度を貝の可食部 1 kg あたり 0.8 mg サキシトキシン二塩酸塩当量と定めている．また，液体クロマトグラフィー蛍光検出または液体クロマトグラフィー質量分析（LC-MS）を用いた機器分析による定量を義務づけ，動物実験による毒の定量が廃止されてマウスユニットではなく重量で表示している．日本でも，麻痺性貝毒の規制値についても，下痢性貝毒のように，毒の標準品の供給や分析条件の統一などの問題が解決しだい，機器分析を用いた定量値に移行する可能性は大きい．ただし日本では，サキシトキシンは「化学兵器の禁止及び特定物質の規制等に関する法律」で特定物質に指定されており，製造，使用，所持などが厳しく規制されているため，標準品の使用や研究に大きな制限があるのが現状

である.

つぎに麻痺性貝毒の症状と毒の作用について述べる.サキシトキシンは,フグ毒テトロドトキシンと同様に,脳,骨格筋,心筋などの興奮性細胞の細胞膜に存在する電位依存性ナトリウムチャネル($Na_v$)の神経毒結合部位の1つであるサイト1に結合し,選択的に阻害して神経の活動電位を遮断する.そのため,中毒症状はフグ毒中毒によく似ていて,死亡率が高い神経性の症状を起こす.中毒した場合,食後30分程度で唇,舌,顔に麻痺がはじまり,しだいに首,腕,四肢など全身に広がり,頭痛,嘔吐,運動失調,言語障害を示すことがある.重症の場合には横隔膜が麻痺するために呼吸麻痺により死亡する.回復すれば後遺症はない.ヒトの経口摂取での致死量は,456〜12400 µgサキシトキシン当量とFAO(国連食糧農業機関)から報告されている.麻痺性貝毒の有効な解毒剤は現在のところない.

麻痺性貝毒の受容体である$Na_v$には,$\alpha$サブユニットとして$Na_v1.1$〜$1.9$の9つのサブタイプが知られ,組織によっておもに発現しているサブタイプが違う.サキシトキシンは,脳や骨格筋に多く発現する$Na_v1.1$〜$1.6$には強く作用するが,心筋型($Na_v1.5$)や末梢神経に多く発現する$Na_v1.8$,$1.9$には弱い.これは,サキシトキシンが結合する付近のアミノ酸配列に各タイプで違いがあるためである.

### 5.1.2 下痢性貝毒

1976年,岩手県,宮城県沿岸部において下痢,腹痛,吐き気,嘔吐を伴う消化器系の食中毒が発生し,42人が深刻な症状に晒された.以降,1981年,スペインでは5000人を超える中毒患者が,1983年,フランスでは約3300人の中毒患者が出現したと報告されている.のちに下痢性貝毒(diarrhetic shellfish poisoning: DSP)と命名されたこの食中毒は,後述する防止策が講じられるまで,ヨーロッパ,日本を中心に世界各地で続発した.幸いなことにホタテガイ,ムラサキイガイなど二枚貝の摂取が原因とされるこの食中毒の症状は,速やかに現れるが2〜3日で収束するといわれており,死亡例はない.

日本では下痢性貝毒の二枚貝への蓄積(毒化)は春先から夏場にかけて進行し,プランクトンの繁殖状況と密接に関連する.当初,浮遊性渦鞭毛藻の*Dinophysis fortii*,付着性渦鞭毛藻の*Prorocentrum lima*が原因とされたが,続発する中毒現象において,同属の*D. acuta*, *D. acuminata*, *D. caudate*, *D. fortii*, *D. norvegica*, *D. mitra*, *D. rotundata*, *D. sacculus*, *D. miles*, *D. norvegica*, *D.*

*tripos*, *Prorocentrum* 属 の *P. lima*, *P. arenarium*, *P. belizeanum*, *P. concavum*, *P. faustiae*, *P. hoffmannianum*, *P. maculosum*, *P. rhathymum* も原因毒を生産することがわかった．原因毒はオカダ酸（Okadaic acid），ディノフィシストキシン（Dinophysistoxin）とその類縁体である（図5.3）．一時期，ペクテノトキシン（Pectenotoxin）類，イェッソトキシン（Yessotoxin）類も下痢性貝毒原因毒であると疑われたが，その後の調査で下痢原性を示さないことが明らかとなった．

オカダ酸は 1981 年，哺乳動物に対する毒性を指標にクロイソカイメンより単離構造決定された物質である．ディノフィシストキシン 1 は 1986 年，ホタテガイの中腸腺より単離された，文字通り，下痢性貝毒原因物質である．それぞれの

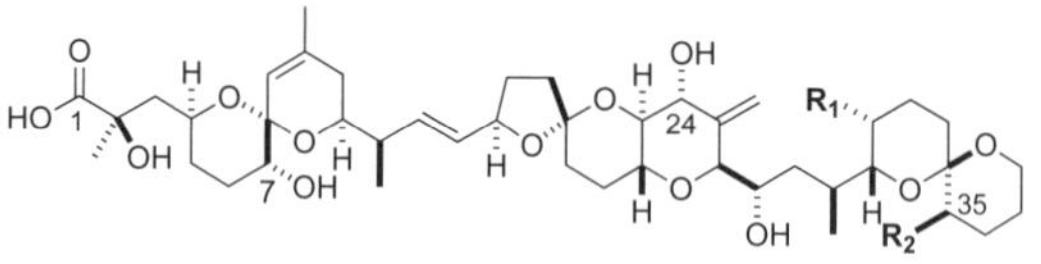

Okadaic Acid (**OA**): $R_1$ = Me; $R_2$ = H
Dinophysistoxin 1 (**DTX1**): $R_1$ = Me; $R_2$ = Me
Dinophysistoxin 2 (**DTX2**): $R_1$ = H; $R_2$ = Me

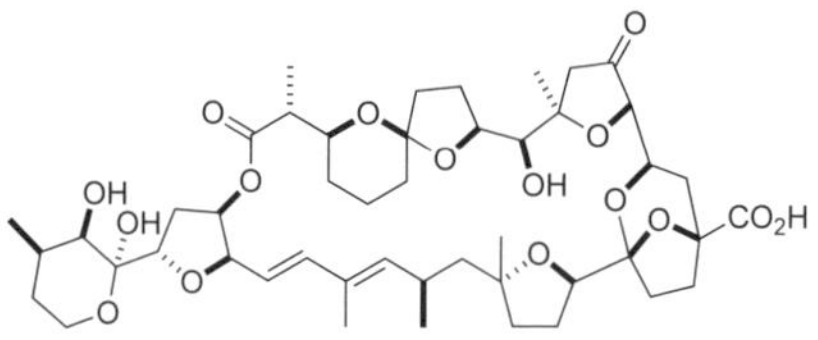

Pectenotoxin 6

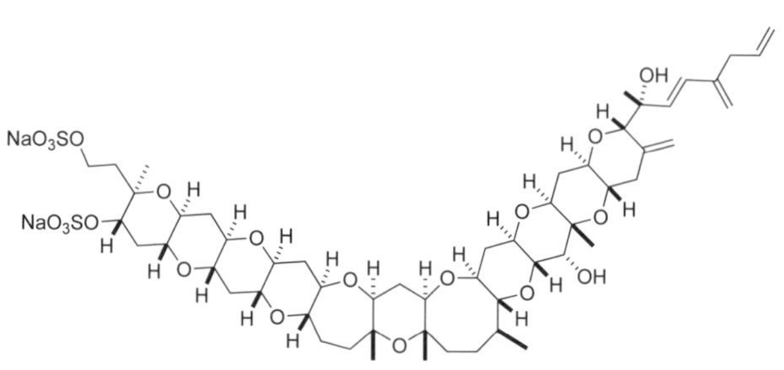

Yessotoxin

図 5.3　下痢性貝毒主要原因毒と関連物質の化学構造

構造式を図5.3に示したが，酷似する化学構造をおわかりいただけると思う．よくみるとポリケチドと総称される一連の化合物であることがわかるが，渦鞭毛藻のゲノムサイズはきわめて大きく，ゲノム解析は遅々として成果をもたらすに至らず，生合成酵素は同定されていない．カルボキシル基（$CO_2H$）に含まれる炭素（C）が1番目の炭素（1位の炭素）であり，カルボキシル基から順に炭素に番号がつけられていくのであるが，35位の炭素に水素（H）がついているかメチル（$CH_3$）がついているかの違いで，オカダ酸とディノフィシストキシン1が区別される．ディノフィシストキシン2はオカダ酸の31位のメチル基と35位の水素が入れ替わった化合物である．

一方，ディノフィシストキシン3は単一の化合物ではなく，オカダ酸，ディノフィシストキシン1または2の7位ヒドロキシ基（C7-OH）に脂肪酸が縮合した化合物群を指し示し，脂肪酸の種類は問わない．ディノフィシストキシン3は生産生物である渦鞭毛藻からは検出されず，二枚貝に取り込まれたオカダ酸やディノフィシストキシン1または2が構造変換された化合物であると考えられている（図5.4）．その証拠にホタテガイ中腸腺の脂肪酸組成とディノフィシストキシン3に含まれる脂肪酸組成の間に高い相関があると報告されている．オカダ酸またはディノフィシストキシン1または2に対するディノフィシストキシン3の存在比は生物種により異なり，ホタテガイでは約10前後になるが，ムラサキイガイでは約1前後であり，生物種により当該構造変換の進行度合いが異なる．ディノフィシストキシン3はオカダ酸やディノフィシストキシン1または2と異なり，タンパク質脱リン酸化酵素に対する結合性を消失するため，二枚貝の解毒機構と考える見方もある．

この化学反応に興味をもち，筆者らは新鮮なホタテガイから各器官を取り出し，すり潰して得られる粗抽出液をアデノシル三リン酸，パルミトイルコエンザイムA存在下でオカダ酸と反応させた．その結果，中腸腺をすり潰して得られる粗抽

OA, DTX1 or DTX2

Dinophysistoxin 3 (**DTX3**)
(7-O-acyl derivative of **OA**, **DTX1** or **DTX2**)

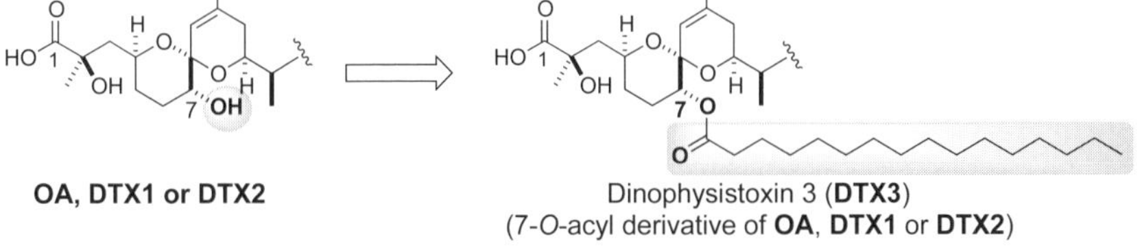

図5.4　ホタテガイなど二枚貝の中腸腺で進行する下痢性貝毒主要原因毒の脂肪酸縮合

出液を用いた場合のみ，7位ヒドロキシ基にパルミチン酸が縮合したオカダ酸が生成することを確認し，脂肪酸縮合を司る酵素が中腸腺組織のミクロソーム膜に存在することを突き止めた．一般的に界面活性剤を必要とする膜タンパク質の精製は困難であり，当該酵素の精製には至っておらず，真の機能解明には至っていない．しかし，前出のペクテノトキシンや後出のアザスピロ酸についても各種脂肪酸が縮合した誘導体が存在し，中腸腺に蓄積することが判明している．オカダ酸やディノフィシストキシン1または2を誘導化する酵素の関与は不明である．一方，もともと，オカダ酸が見出されたクロイソカイメンにはディノフィシストキシン3は存在しない．OABP2と名づけられた22 kDaのオカダ酸高結合性タンパク質が存在し，遊離オカダ酸の濃度軽減に一役買っているものと考えている．

　下痢性貝毒による食中毒を未然に防ぐ対策は，原因となるプランクトンの定期的モニタリングと食用二枚貝の可食部における毒量検査である．毒量検査は公定法で規定されており，長い間，マウスユニットで表される急性致死毒性が指標とされ，可食部1gあたり0.05マウスユニット以上含まれていると食品衛生法の規定に従い出荷規制措置がとられてきた．下痢性貝毒の場合，1マウスユニットは16〜20 gのマウスに腹腔内投与し，24時間で死亡する毒量と決められている．高感度質量分析装置の進歩と汎用性の向上が動物愛護の思想と相伴って公定法の見直しがはかられ，まず欧米において，そして2015年3月6日，厚生労働省からの通達に基づいて，日本においても「可食部1 kgあたりオカダ酸相当量で160 μg以上含まれていると出荷規制措置がとられる」という文言に書き換えられた．一見，マウスユニットに相当する物質量を定義しただけのように見受けられるが，マウスに対する急性致死毒性を調べる動物実験の代替法として質量分析法の定着が見込まれた．さらに，2016年4月，国立研究開発法人水産研究・教育機構および国立研究開発法人産業技術総合研究所により下痢性貝毒標準品が一般向けに販売されると，2017年3月8日，厚生労働省からの通達に基づき，質量分析法へ移行が完了した．各自治体による定期検査の結果はおのおのホームページに掲載されているので，興味のある読者はご覧いただきたい．

　先に述べた下痢性貝毒の物質量を測定する手法について補足する．マウスに対する急性致死毒性試験や抗オカダ酸抗体を用いる酵素免疫学的定量法（ELISA）では，検体（試料）をアルカリ性で加熱し，ディノフィシストキシン3を加水分解しなければならない．一方，質量分析法では，試料（検体）を装置に導入する直前に高速液体クロマトグラフィーにて分離するため，オカダ酸とディノフィシ

ストキシン 3 はもとより，異なる脂肪酸が縮合するディノフィシストキシン 3 のおのおのを区別して定量が可能である．この方法は検体中の脱塩や脱脂など，各化合物の検出感度を低下させる物質の事前除去，適切な分離条件の設定を必要とするが，前出のイェッソトキシン類，ペクテノトキシン類やアザスピロ酸も同時に観測できる点できわめてすぐれていることを留意しておきたい．また，質量分析などの機器分析においてはどの検査機関でも再現できる標準的な手法が提供されなければならないが，たとえ同一の装置や条件を用いても先に述べた不純物などの影響などが理由で同一の結果を出し続けることは難しい．そのため，分析対象となる標準品の存在はきわめて重要であり，その標準品が開発されたことは，公定法の文言の書き換えに至った大きな原動力と考えられる．

オカダ酸やディノフィシストキシン 1 はリン酸化されたセリンおよびスレオニンを加水分解する酵素（タンパク質脱リン酸化酵素）のうち，protein phosphatase 1（PP1），protein phosphatase 2A（PP2A）を選択的に阻害する．PP2A に対する親和性を解離平衡定数 $K_d$ で示すと 30 pM であり，PP1 に対する親和性の 4800 倍に相当する．オカダ酸と PP1 あるいは PP2A がつくる複合体の X 線結晶構造はそれぞれ 1995 年，2006 年に解かれており，オカダ酸が結合するタンパク質側の構造は酷似する．特筆すべきは，いずれの結晶構造においてもオカダ酸が 1 位カルボキシル基と 24 位ヒドロキシ基が水素結合した籠型の活性構造をとることである．また，これら 2 つの X 線結晶構造の比較により，オカダ酸が PP1 に比べ PP2A に対して高親和性を示す構造要因も明らかとなった．一方，オカダ酸やディノフィシストキシン 1 は強力な発ガンプロモーターであると報告されているが，タンパク質脱リン酸化酵素に対する阻害作用を結びつける明白な証拠はまだ得られていない．同様に，ディノフィシストキシン 3 はタンパク質脱リン酸化酵素に対する阻害作用を示さないが，下痢原性は示すと報告されており，タンパク質脱リン酸化酵素に対する阻害作用と下痢原性を結びつける明白な証拠も見つかっておらず，下痢原性の作用機序はいまなお不明であるといっても過言ではない．

下痢性貝毒は加熱しても毒性が損なわれることはなく，また，積極的に解毒する手法も開発されていない．一度，出荷規制措置がとられると，時間経過とともに毒量が前述の閾値以下になるまで当該措置は継続される．時期を問わず安全な食用二枚貝を食卓に提供するために，下痢性貝毒を蓄積しない食用二枚貝の創成や蓄積した下痢性貝毒原因物質を速やかに代謝する技術の開発が望まれていると

### 5.1.3 記憶喪失性貝毒

1987年秋にカナダ東岸のプリンスエドワード島で，養殖ヨーロッパイガイ (*Mytilus edulis* L., ムール貝) を原因とする食中毒が発生し，3名の死者を含む107名の患者が発生した．その症状は下痢，嘔吐などに加えて，記憶喪失や方向感覚の障害など，特徴的なものであったため，記憶喪失性貝毒 (amnesic shellfish poisoning: ASP) と名づけられた．一部の患者に記憶障害などの後遺症が残った．中毒原因物質としてドウモイ酸 (Domoic acid: DA) が同定された．ドウモイ酸の構造を図5.5左に示した．ドウモイ酸は，1958年に，日本で紅藻ハナヤナギ (*Chondria armata*) から，回虫駆除活性をもつカイニン酸 (Kainic acid) と構造が似た物質として単離，構造決定された化合物である．カイニン酸は別の紅藻マクリ (別名カイニンソウ，*Digenea simplex*) から単離された．ドウモイ酸は有毒貝と同海域に生息する羽状目珪藻 *Pseudo-nitzschia multiseries* から高濃度に検出された．そのため，この珪藻が毒を生産し，貝がこの珪藻を餌にするために，貝にドウモイ酸が蓄積されたと考えられた．ドウモイ酸のヒトの経口毒性は，60〜110 mgで発症し，135〜295 mgで重篤になると推測されている．カナダやアメリカ合衆国では，すぐにドウモイ酸の規制値を設け，貝の可食部のドウモイ酸含量が，20 µg/g (20 ppm)を超えると出荷規制される措置がとられた．この規制値は国際的に採用されている．ドウモイ酸はカキ，ホタテガイ，マテガイなどの貝類のほか，カニやアンチョビーなどの魚類からも検出され，さらに魚類を餌とするペリカン，トドやアシカからも検出され，へい死の原因になることも報告された．その後，上記の *Pseudo-nitzschia multiseries* 以外にも *P. australis*, *P. pseudodelicatissima* や，付着珪藻の *Nitzschia navis-varingica* など10種以上の珪藻がドウモイ酸を生産することが報告されている．

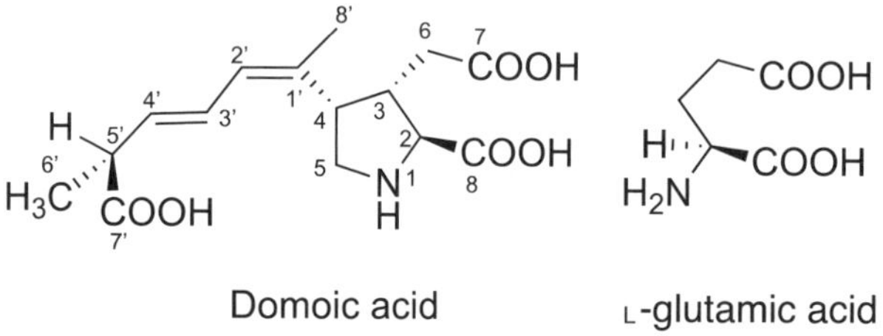

図5.5 ドウモイ酸とL-グルタミン酸の化学構造

日本では記憶喪失性貝毒の報告はない．しかし，ドウモイ酸を生産する *P. multisereis* は日本沿岸でも存在し，ムラサキイガイやホタテガイにもごく微量のドウモイ酸が検出されることがある．そのため，国内産および輸入貝類のドウモイ酸を検査する必要がある．

ドウモイ酸のマウスの腹腔内投与での急性毒性は，半致死量 $LD_{50}$ が 4 mg/kg であり，麻痺性貝毒サキシトキシン（$LD_{50}$ 10 μg/kg）と比べて 400 倍低い．ドウモイ酸の定量分析には，抗体を使った方法や，液体クロマトグラフィー（LC）で分離しながら紫外線の吸収で検出する方法も知られているが，ほかの毒と同様に LC-MS による方法が定量，定性的にもっとも確実である．濃度の正確な信頼のできる標準品は，カナダの National Research Council で販売されている．

ドウモイ酸はアミノ酸の一種の L-グルタミン酸と似た構造をもつ（図 5.5）．そのため，グルタミン酸の受容体に結合してグルタミン酸と似たはたらきをし，神経興奮作用を示す．ドウモイ酸が結合するグルタミン酸受容体は，イオンチャネル型グルタミン酸受容体である．この受容体は，哺乳類の脳の中枢神経系で，早い興奮性の神経伝達の主要な担い手であり，いろいろな生理的および病理的な神経プロセスに関係している．イオンチャネル型グルタミン酸受容体は，サブユニットが4つ集まって1つの大きなユニットを形成している．それぞれのサブユニットには，グルタミン酸が結合する部分をもっていて，グルタミン酸が結合すると，細胞外から細胞内へイオンを通過させる坑が4つのサブユニットの中央部にできて，それが開く．$Ca^{2+}$，$Na^+$，$K^+$ などの陽イオンが流入して活動電位が発生する．ドウモイ酸は，電気生理実験で，グルタミン酸受容体（カイニン酸型受容体）を活性化することが示された．カイニン酸型グルタミン酸受容体は，脳の複数の部分でシナプスの情報伝達の制御や可塑性に関係している．記憶喪失性貝毒の場合，経口摂取されたドウモイ酸が脳に入り，海馬，視床などのカイニン酸型グルタミン酸受容体に結合し，$Ca^{2+}$ が細胞内に多量に流入したためにその部分で細胞死が起こり，記憶喪失などの症状が出たと考えられている．

### 5.1.4 神経性貝毒

メキシコ湾に面するアメリカ合衆国のフロリダ州を中心に，渦鞭毛藻 *Karenia brevis*（旧 *Gymnodinium breve*）の赤潮に曝された二枚貝を食べることにより，神経性の症状を呈する食中毒が発生することが知られ，これを神経性貝毒（neurotoxic shellfish poisoning: NSP）とよんでいる．また，*K. brevis* のアメリ

カ合衆国で分離された培養株から，ブレベトキシン Brevetoxin（BTX）A，B（図5.6）が強力な魚毒成分として報告されていた．この渦鞭毛藻が大量発生する場合は，エアゾールによる呼吸器障害や遊泳時に皮膚に刺激やかゆみを起こすことがあることも知られていた．しかし，神経性貝毒の原因物質として同定するには至っていなかった．具体的にはじめて神経性貝毒の原因物質が解明されたのは，1993年にニュージーランドで，280名を超える神経性貝毒が起こったときであった．ニュージーランドのブレベトキシン生産渦鞭毛藻類は，まだ分離培養して証明されていないが，この事件発生時にも，*K. brevis* の赤潮は発生していた．食中毒の原因となったミドリイガイ（greenshell mussel, *Perna canaliculus*）から，ブレベトキシンBの類縁体，ブレベトキシン B1，B2 が単離され，はじめて神経性貝中毒の原因毒がブレベトキシン類であることが解明された．ブレベトキシン類は，エーテル結合した環がハシゴ状に連結して分子が構成されるので，下痢性

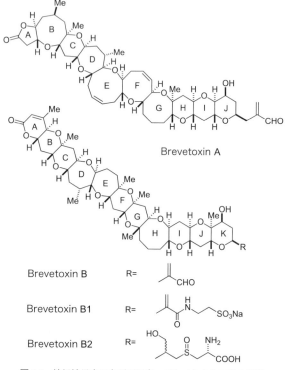

図5.6 神経性貝毒の主要原因毒・ブレベトキシン群の構造

貝毒の項で紹介したイェッソトキシンや魚毒のシガトキシンと類似した化合物であり，ポリエーテル毒の一種である．ブレベトキシンの類縁体は 10 種以上報告され，ブレベトキシン A 型と B 型に大別される．ブレベトキシン B1, B2 は，ブレベトキシン B から二枚貝中で代謝されて生成し，蓄積したと考える．ブレベトキシン B1 は，ブレベトキシン B の側鎖アルデヒドにアミノ酸の代謝物であるタウリンが縮合してできた化合物と考えられる．ブレベトキシン B2 は，ブレベトキシン B のアルデヒドと共役した側鎖二重結合末端にシステイン（アミノ酸の一種）のチオールがマイケル付加し，アルデヒドが一級アルコールに還元されて生じたと考えられる．神経性貝毒は，ミドリイガイのほか，マガキにも蓄積されることがあり，アメリカ合衆国では肉食性巻貝の摂食で中毒が発生した．

神経性貝毒の中毒症状は，口内のしびれとひりひり感，運動失調，温度感覚異常などの神経障害を特徴とする．食後 1〜3 時間で症状が現れる．吐気，腹痛，下痢，嘔吐などの胃腸障害を伴うこともあるが，死亡例はない．温度感覚異常は，シガテラ魚中毒（サンゴ礁海域で魚が毒化して発生する中毒．おもな原因はシガトキシン類）と類似するが，神経性貝毒の場合は，シガテラ魚中毒よりも回復が早く通常 1〜2 日で回復する．

ブレベトキシン類は，麻痺性貝毒（5.1.1 項参照）が作用する電位依存性ナトリウムチャネル（$Na_v$）に作用するが，麻痺性貝毒とは別の結合サイトに結合し，麻痺性貝毒とは逆に $Na_v$ の活性化を継続するため，ナトリウムイオンが細胞内へ過剰に流入する．そのために，上記の中毒症状を起こすと考えられる．

日本では二枚貝からブレベトキシン類が検出されたことはなく，神経性貝毒が発生したこともないが，輸入貝類を中心に警戒する必要がある．

### 5.1.5　その他の貝毒：アザスピロ酸

1995 年，アイルランドから輸入されたムラサキイガイ（*Mytilus edulis*）の喫食により，オランダで食中毒が発生した．その原因物質として，ムラサキイガイから，アザスピロ酸 (Azaspiracid: AZA) がはじめて報告された．アザスピロ酸 1, 2, 3 が主要な毒であるが，これまで 59 種の類縁体の報告がある．アザスピロ酸 1, 2, 3 の化学構造を図 5.7 に示す．ムラサキイガイのみではなく，アサリ，ホタテガイ，マガキからもアザスピロ酸が検出されている．その後，アイルランド，イギリス，イタリア，フランスなどヨーロッパ各地で発生した．中毒時のムラサキイガイやほかの二枚貝のアザスピロ酸類の含量は，可食部で 6 µg/g や 1.5 µg/g

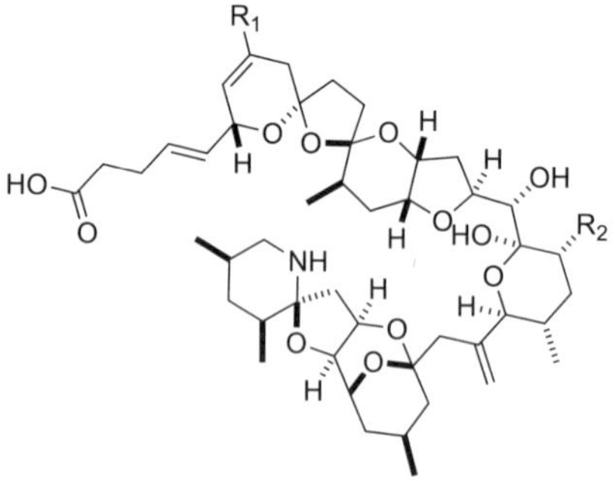

Azaspiracid 1 (AZA 1)　$R_1$=H;　$R_2$=$CH_3$
Azaspiracid 2 (AZA 2)　$R_1$=$CH_3$;　$R_2$=$CH_3$
Azaspiracid 3 (AZA 3)　$R_1$=H;　$R_2$=H

図 5.7　アザスピロ酸群の構造

と報告された．これまでのところ，日本では中毒例はない．アメリカ合衆国でも患者が報告されている．

　アザスピロ酸は，下痢性貝毒（5.1.2 項参照）のオカダ酸やディノフィシストキシン類に類似したポリエーテル毒で，中毒症状も下痢性貝毒と類似し，下痢，腹痛，嘔吐などの胃腸症状を引き起こすが，ヒトの死亡例はない．しかし，アザスピロ酸はオカダ酸類とは違い，protein phosphatase に対する阻害活性はない．EU の二枚貝におけるアザスピロ酸群の最大許容濃度は，0.16 mg/g である．日本での食中毒例はなく，現在のところ検出の報告もない．しかし，西ヨーロッパ沿岸部，アメリカ合衆国東部沿岸部で発生する食中毒の原因物質であるアザスピロ酸は，欧米では規制対象化合物であり，輸出する際には事前の毒性検査が必須である．アザスピロ酸を生産する新種の小型渦鞭毛藻 *Azadinium spinosum* がスコットランド北部の北海で，また *A. poporum* がアメリカ合衆国ワシントン州沿岸より分離された．

〔山下まり・此木敬一〕

## 文　献

厚生労働省（2015）．麻痺性貝毒等により毒化した貝類の取扱いについて．
厚生労働省（2017）．「下痢性貝毒（オカダ酸群）の検査について」の一部改正について．
厚生労働省 監修（2015）．食品衛生検査指針 理化学編 2015．公益社団法人 日本食品衛生協会．
Oshima, Y. (1995). *J. AOAC Int.*, 78, 528-532.
鈴木敏之（2017）．安全な農林水産物安定供給のためのレギュラトリーサイエンス研究委託事業 研究成果報告書「貝毒リスク管理措置の見直しに向けた研究」．

鈴木敏之, 神山孝史ほか 編 (2017). 水産学シリーズ 187　貝毒, 恒星社厚生閣.
Tsuchiya, S., Yotsu-Yamashita, M. *et al.* (2017). *Angew. Chem. Int. Ed.*, **56**, 5327-5331.

##  5.2　貝類の疾病と対策

### 5.2.1　概　論

疾病とは生物が正常な生理状態を維持できなくなった状態のことをあらわす．われわれ人間は病原体に感染したとき，栄養素や養分を十分にとることができないとき，遺伝子に異常が生じたとき，周囲の環境が不適切であるときや有害物質へ曝露されたときなどに疾病となる．ホタテガイやカキは人間と姿や形が大きく異なるが生き物としては多くの共通点をもっており，やはり上に記した条件に遭遇したときには疾病となり，場合によっては死に至るのである．

本節ではホタテガイやカキの疾病について記述するが，栄養性疾病や遺伝子疾病，環境性疾病はそれぞれ増養殖分野，育種分野，環境分野にて取り扱われることが多いため割愛し，魚病学分野で対象とする病原体感染症についての記述に限定する．

#### a.　二枚貝の寄生生物と疾病

海の中で生きているホタテガイやカキの体内には，実は多くの生物が棲みついている．たとえば，ホタテガイの殻を開いたときにオレンジ色の物体を観察した経験のある方も多いと思うが，これはエビやカニを含む節足動物門甲殻類に属するホタテエラカザリ（*Pectenophilus ornatus*；図5.8）とよばれるホタテガイの

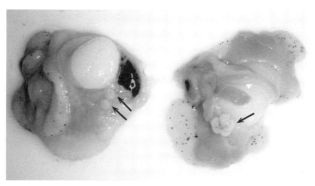

**図 5.8**　ホタテガイのエラ上に寄生するホタテエラカザリ（矢印）（渡島地区水産技術普及指導所提供）

鰓に棲みつく寄生生物である．カキの消化管にも同じく節足動物門甲殻類に属する *Mytilicola orientalis* が寄生しているが，こちらは細長い棒状の形態をしている．このように肉眼で容易に観察できる大型寄生生物のほかにも，観察には光学顕微鏡が必要な原虫類・菌類・細菌類，さらには高解像度の電子顕微鏡によってのみ観察可能なウイルス類など多様な生物がホタテガイやカキの体内には生息している．

さて寄生生物と聞くと多くの場合，「気持ち悪い」とか「体に悪い」という感想をもたれることが多い．前者の感想については個人差があるが，後者に関しては，二枚貝類に寄生する寄生生物のほぼすべては二枚貝体内での生活に適応しており，適当な宿主以外の中では生活できない．そのため，二枚貝に適応した寄生生物が人間に寄生したり病気を起こす心配はほとんどないと考えてよい．

それではホタテガイやカキに対する病害性はどうだろう？ 上述のように，寄生生物の多くはそれぞれの宿主体内での生活に適応しており，言い換えれば宿主がいなければ生きていけない（もちろん例外はあるが）．そのため，宿主を死亡させるほどの強い病害性をもつ寄生生物は宿主を殺しつくし，その結果自身も絶滅することになってしまう．このような事態を回避するため，寄生生物の多くは進化の過程で宿主と折り合いをつけ，宿主への病害性を抑える生態を選択したと考えられている．実際，ホタテガイやカキの寄生生物のうち強い病害性をもつものは比較的少ないようである．

では，ホタテガイやカキ生産において感染症が発生するのはどのようなケースなのだろう．さまざまなケースがあるため一概に説明することは難しいが，代表的な例の1つは，寄生生物が本来の宿主とは別の宿主に新たに出会った場合である．これを宿主転換とよぶが，新たに生産海域に寄生生物がもち込まれた場合，もしくは寄生生物の分布域に宿主が新たに導入された場合に起こりうる．このような場合，寄生生物－宿主間には前述のような折り合いがついていないため病害性が発揮されてしまうことがあるのだ．バージニアガキの *Haplosporidium nelsoni* 感染症やホタテガイの *Perkinsus qugwadi* 感染症は，この宿主転換によって被害が発生した疾病と考えられている．

また，細菌やウイルスなどの場合には遺伝子の変異に伴い性質が突然変わることがあるようだ．マガキの大量死を引き起こしたカキヘルペスウイルス μvar 感染症では，いままで病害性をもたないとされていたウイルスが突如病原性を獲得したケースと考えられている．

さらに，病原性が弱くても寄生生物は栄養を宿主に依存し，また宿主体内で増殖する．そのため，環境変化や生殖などにより宿主の生理状態が悪化すれば，本来は影響の少ない寄生生物でも宿主にとっては大きな負担となりうる．すなわち病気は宿主−寄生生物の関係のみで発生するのではなく，宿主の状態や環境に応じてもその発生は左右されるのである．

**b. ホタテガイやカキの産業に対する疾病の影響**

疾病は時としてホタテガイやカキ類に死亡をもたらすため，生産量減少による産業被害を与えることがある．また，死亡に至らなくても，消化・吸収能力を低下させたり栄養蓄積に悪影響を与える病気は成長を阻害し生産量減少という被害をもたらすこともある．

また，加工されずそのままの形で消費者に届く農水産物はその見た目が重要な経済的価値をもつことが多い．水産物ではとくにこの傾向が顕著であり，慶事に用いられるマダイやイセエビは姿・形のよいものほど価格が高いことからもわかる．そのため，死亡や成長不良などの生産量減少が軽微でも，見た目を悪くする感染症は商品価値を喪失させ生産者の経済的損失を招く．マガキの卵巣肥大症やホタテガイの閉殻筋に膿瘍を呈する疾病類などは，製品の見た目を悪くさせることによる産業的被害をもたらす．

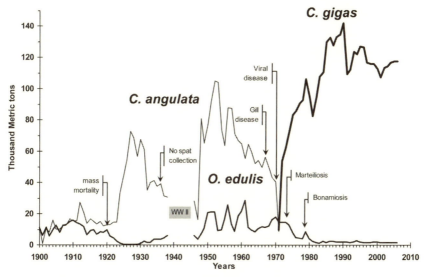

図 5.9　フランスにおけるカキ類生産量の変遷と疾病発生（Buestel *et al.*, 2009）

さらに，疾病による影響は経済的損失だけでなく，食文化の変化にまで及ぶこともある．図5.9はフランスで生産されるカキの種類とその生産量，そして発生した疾病の変遷を表したものである．フランスでは1900〜1920年まではヨーロッパヒラガキ（*Ostrea edulis*）とポルトガルガキ（*Crassostrea angulata*）がおもに生産されており，1920年以降はポルトガルガキの生産量が急増し，主要生産品種になった．ところが，1950年以降ポルトガルガキの生産量は過密養殖などによって減少し，1960年代後半にはウイルス性疾病（注：図にはgill diseaseとviral diseaseがあるが，おそらく同じ疾病）によりその生産は壊滅してしまう．また，ポルトガルガキと並んで養殖されていたヨーロッパヒラガキは，1970年代前半から1980年代に出現した2種類の原虫症マルテイリア症（Marteiliosis）とボナミア症（Bonamiosis）により壊滅的被害を受け，生産量は激減してしまった．これらの種類にかわりフランスでは1970年代に日本からもち込んだ外来種であるマガキ（*Crassostrea gigas*）が生産されている．本種はポルトガルガキやフランスガキ生産を壊滅に追いやった病気にかかることなく生産量は増加し，現在，フランスの食卓を飾る食材となっている．フランスにおけるカキ食文化は世界的にも有名であるが，立て続けに発生した3つの疾病の影響により，たった100年という短い期間で変わってしまったといえる．食文化と多方面で深く結びつく水産業にとってはこれも大きな損失といえるかもしれない．

**c. 疾病と養殖**

ホタテガイやカキにおける疾病のほとんどは養殖生産施設からの報告によるものである．しばしば養殖された魚介類は天然個体に比べてストレスなどが多く，病気にかかりやすいと考えられがちであるが，養殖場での生体防御能低下は二枚貝類では実証されておらず，科学的根拠は得られていない．むしろ養殖場では天然海域よりも高い密度で飼育されており，病原体の伝搬が容易であるために，感染が蔓延しやすいことが理由の1つであろう．

また，天然海域よりも養殖場のほうが疾病などの異常は圧倒的に人の目につきやすく，単純に見つけやすいことも理由である．すなわち天然海域での死亡は捕食生物による食害，乱獲，環境変動など疾病以外の要因によるものも多く，死因を特定することはきわめて難しい．その一方，養殖場においては生産者による管理を受け，また必要であればさまざまな調査をすることが可能であるため，死因を追求しやすく病気も見つけやすいのである．

環境中のプランクトンなどを利用して生産する二枚貝養殖は魚類養殖に比べて

環境負荷が少なく，環境に優しい食料生産方式として注目を集めている．また，価格も比較的安定していることを考えると，ホタテガイやカキに加え新たな養殖対象種が生み出され，養殖漁場も新規に開拓されていくことが予想される．ただし養殖と疾病は切っても切り離せない関係であるため，このような養殖事業の拡大は，感染症を増加させると予想される．

### 5.2.2 各 論
#### a. カキの疾病

カキ類は世界で広く食べられており，養殖の歴史も古い．また，世界各地でさまざまな種類が養殖されていることもあり，二枚貝の中では研究が盛んな生物である．そのため寄生生物や生産時に問題となる疾病に関する研究も，養殖対象とされる貝類の中ではもっとも充実している．

本稿では日本でもっとも重要なカキ類であるマガキの生産時に発生する疾病のほか，研究がもっとも進展している *Perkinsus marinus* 感染症と，日本由来の病原体と考えられている *Haplosporidium nelsoni* 感染症についても記した．

(1) マガキの卵巣肥大症

本症は1924年（大正13年）に広島湾で生産された養殖マガキから報告されたおそらく国内でもっとも古くから知られるマガキの病気であろう．通常，マガキは春ごろから成熟を開始し，夏に放卵・放精を行い，その後は生殖腺を消失するという生殖サイクルをとる．生殖腺を消失したあとには結合組織が形成され栄養蓄積を行う．市場に出荷されるマガキの体表が白く滑らかであるのは，この結合組織に十分なグリコーゲンなどが蓄積されている証拠である．しかし，卵巣肥大症を発症したマガキでは放卵後も一部の卵巣で結合組織への置換が行われずに卵巣が維持される．この卵巣では活発な卵形成を継続し，その結果，体表面に黄白色をした不規則な膨隆状の患部が形成される．摂食しても健康に問題はないが，見た目が非常に悪くなるため商品価値の喪失を招き，マガキ生産にとって大きな問題となっている（図5.10）．

このように正常とは異なった卵巣の発達を伴う本症は，当初，マガキにおける生理学的な異常であると考えられていた．ところが，形成される卵母細胞内には原虫様細胞が見出されることから（図5.10），寄生原虫による感染症であることがわかった．この寄生原虫の名前は，本種がはじめて記載された韓国南部の地名・忠武(チュンム)にちなみ *Marteilioides chungmuensis* と名づけられている．

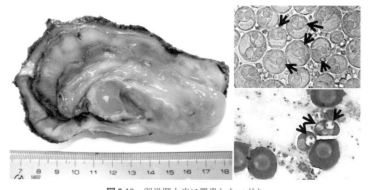

**図 5.10** 卵巣肥大症に罹患したマガキ
病巣を顕微鏡で観察すると原因寄生虫（矢印）が卵母細胞内にみえる．右上は未染色のもの，右下は染色したもの．

　この原虫はマガキの鰓や唇弁から侵入して増殖し，最終的にはマガキの卵母細胞へと侵入，胞子（spore）とよばれる生活段階へと成長する．その後は輸卵管を経て卵母細胞に入ったままマガキの体外へ放出されると考えられている．従って，この原虫にとってマガキの卵母細胞は栄養入りの脱出カプセルであり，生活史を完結するために必要不可欠であるといえる．この必要不可欠な卵母細胞を準備するため，この原虫は宿主であるマガキの生殖システムをなんらかの方法で支配，本来の成熟期以外に卵母細胞を産生させていると考えられるが，そのメカニズムはまったく不明である．ちなみにこの寄生虫は雄の体内にも侵入するがまったく症状を示すことはないため，おそらく，雌にのみ有効なホルモンのようなものを分泌すると推測される．

　この病気を発症したマガキは見た目が悪くなるほか，死亡率も高くなることが知られる．おそらく発症個体はグリコーゲン蓄積を行う結合組織が少ないことに加え，卵母細胞形成に多量のエネルギーを要するため衰弱して死亡しやすくなるのだろう．したがって商品価値の喪失のほか，生産量低下という被害についても警戒が必要である．また，寄生虫の入った卵母細胞は受精しても幼生は発生しないため再生産にはまったく貢献しないため人工種苗生産に利用できないことも問題視される．

　本疾病は西日本や韓国南部のマガキ養殖場で多くみられるが，東日本では発生していない模様だ．どうやらこの原虫にはマガキへの感染を媒介する生物（交互宿主）が存在している模様で，発生海域の分布はこの交互宿主の分布に関係している可能性が高い．

なお，この原虫はイワガキやスミノエガキにも感染するが産業的な問題は報告されていない．また，アサリやスダレガイの卵母細胞内にもよく似た虫が観察されるが，こちらは別種と考えられている．

(2) カキヘルペスウイルス μvar 感染症

2008年，フランスのマガキ養殖場において稚貝の大量死亡が発生した．現地のマガキ産業は死亡率が100%近くに達するこの大量死により壊滅的ダメージを受けた．このニュースは世界各地に報道され，フランスと同じくマガキ養殖を行っている日本のカキ産業関係者に衝撃を与えたことは記憶に新しい．この大量死を引き起こした病気こそが，カキヘルペスウイルス1型マイクロバリアント (OsHV-1 μvar) 感染症である．

さてここで混乱しやすいこととして，カキヘルペスウイルス (OsHV-1) と OsHV-1 μvar の違いである．前者はカキ類に感染するウイルスとして比較的古くから知られていたウイルスであり，飼育状態が極度に悪化しない限りはマガキ生産への影響が少ないと考えられ重要視されることは少なかった．一方，後者の OsHV-1 μvar は OsHV-1 の遺伝子の一部に変異を起こし，マガキ稚貝に対する強い病原性を獲得した変異株のことである（これに対して前者を標準株とよぶこともある）．両者はともにカキヘルペスウイルスとよばれることが多いが，その性状はまったく異なることに注意が必要である．

この高病原性 OsHV-1 μvar は 2017 年現在，ヨーロッパおよびオセアニアの諸国から報告されているが，各地で検出されるウイルスの遺伝型には少しずつ違いがあることが知られる．そのため，OsHV-1 μvar はフランスから各地に広がったというよりも世界各地で高病原性株が出現したと考えられ，ウイルス進化の観点から非常に興味深い．

OsHV-1 μvar は高病原性であると書いたが，実は，検出されても大量死が報告されない例も多く，病害性が完全に理解されたとはいえない．ただし大量死の多くは高水温期や選別作業後といったカキがストレスを受けやすい時期に発生しているため，OsHV-1 μvar 感染そのものが致死的というよりストレスへの抵抗力を失わせ，その結果，大量死へとつながっている可能性もある．

現在，マガキは世界で広く生産されている種であるため，OsHV-1 μvar はマガキ生産を行う世界各国にとって共通の懸念になっている．そのため，国際獣疫事務局 (World Organisation for Animal Health: OIE) は本症を緊急性の高い新興感染症に指定．マガキの国際取引を通じて OsHV-1 μvar が拡散しないよう情報発

信を行っている．日本でも，農林水産省は国内のマガキ生産を本症から守るために，水産資源保護法と持続的養殖生産確保法を 2017 年に改正し，カキ類を海外から輸入する際に OsHV-1 μvar がもち込まれないよう輸入防疫体制を強化している．

(3) *Perkinsus marinus* 感染症

メキシコ湾に面するアメリカ合衆国南部のルイジアナ州はバージニアガキの一大生産地であったが，1940 年前後に大量死の被害に見舞われた．漁業者はメキシコ湾で稼働している石油精製施設による海洋汚染が大量死の原因と考え裁判所に提訴したが，大量死の原因探索を行うための研究チームが発見した病原体が本症の原因寄生虫である *Perkinsus marinus* である．

本虫は発見当時，菌類の一種と考えられ *Dermocystidium marinum* と命名されたが，現在では分子生物学的解析より渦鞭毛藻に近縁であることがわかっている．ただし，この旧学名の名残で本症はいまでも"Dermo"とよばれることが多い．この原虫は宿主体内では細胞分裂により活発に増殖する．おもにバージニアガキの白血球様細胞内に寄生し，活発な増殖によって宿主細胞を破壊するため宿主はやがて死に至る．興味深いことに，この原虫は宿主の死を感知すると増殖を停止し，頑丈な細胞壁を備え環境抵抗性の強い前遊走子嚢（prezoosporangium）へと発育する．そして宿主組織が崩壊するとこの前遊走子嚢は環境水中へ放出され，その内部に運動性をもった感染ステージ・遊走子（zoospore）を形成する．遊走子はやがて殻を破って飛び出し，つぎの宿主へ感染すると考えられている（図 5.11）．

この原虫はバージニアガキに成長不良や大量死を引き起こすことが知られる．その被害は甚大であり，本症と後述の *Haplosporidium nelsoni* 感染症によって，アメリカ合衆国東部のチェサピーク湾におけるバージニアガキ生産量は，1980 年初頭の 8 万 t から 1986 年には 1 万 5000 t へと急落したとされている．現在，本種はアメリカ合衆国北東部のメイン州からメキシコ南部までとブラジルの一部から報告されている．この海域にはバージニアガキの主要生産地が多く含まれるため，バージニアガキ生産にとっては重大な脅威である．

この原虫は産業的に重要であるだけでなく，世界でもっともよく研究されている二枚貝の病原体である．*P. marinus* は寄生原虫としては例外的に実験室内での培養が可能であり，生物学的性状の異なるさまざまな培養株が作出され，病原生物学的研究が大きく進展している．また本種を使用することで，二枚貝の生体

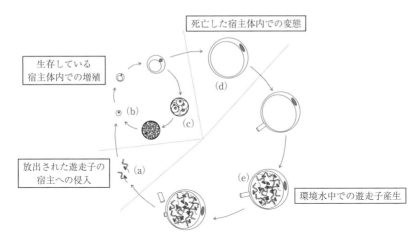

**図 5.11** 想定される *Perkinsus* 属の生活環

遊走子(a)が宿主体内に侵入しトロフォゾイト(b)へ発育する．トロフォゾイトはトモント(c)へ発育，内部にトロフォゾイトを多数形成して増殖する．宿主が死亡するとトロフォゾイトやトモントは前遊走子嚢(d)へと発育，前遊走子嚢は環境水中に出ると内部に遊走子を産生する遊走子嚢(e)へと発育する．内部に形成された遊走子はやがて放出され，再度，宿主に侵入する．

防御機能についても理解が進んだ．さらに人間の重要な病原体であるマラリアやトキソプラズマにも比較的近縁であることから，細胞生物学的研究材料として医学分野でも用いられることがある．

(4) *Haplosporidium nelsoni* 感染症

本疾病は原虫 *Haplosporidium nelsoni* の感染によって引き起こされるバージニアガキの疾病であり，上述の *Perkinsus marinus* と同様にチェサピーク湾のバージニアガキ生産量が急落した原因の1つとされている．原因寄生虫は核を多数保有するステージが顕著なことから発見当初は Multinucleate Sphere Unknown (MSX) とよばれており，この呼称は現在でも使われることがある．

本疾病は産業的な重要性もさることながら，養殖用種苗の移入に伴って病原体が拡散し，産業被害をもたらした例として語られることが多い．というのも，この原虫はもともと日本のマガキに寄生していたが，第二次世界大戦後にマガキ種苗を日本からアメリカ合衆国に移入した際にアメリカへ渡り，現地で拡散したと考えられている．マガキでの感染率は低く病害性もほとんど示さないため，マガキ養殖をしていた日本では認識すらされなかったが，アメリカで偶然出会ったバージニアガキに対しては強い病害性を示し，甚大な産業的被害をもたらしの

である．ちなみに日本のマガキはヨーロッパやオセアニアへも移植されているため，本種はこれらの国にも拡散していると考えられる．ヨーロッパやオセアニアにはそれぞれ固有のカキ類が生息しているが，バージニアガキ以外からの被害は報告されていない．

**b. ホタテガイの疾病**

ホタテガイを含むイタヤガイ科の病気に関する情報はカキ類に比べると圧倒的に少ない．これはイタヤガイ類がカキ類よりも病気に強いというより，イタヤガイ類の主要生産海域は冷水域に限られており，この生産海域の狭さが発見されている寄生生物の種数の少なさに反映されているのかもしれない．さらにイタヤガイ類の養殖は1970年代に開始され，カキ類養殖生産の歴史に比べると短い．そのため疾病に関する研究の歴史が浅いことも関係するかもしれない．ただしイタヤガイ類の食品としての人気は世界的に高く，その生産量は今後も飛躍的に増加することが見込まれる．生産規模の拡大に伴い，疾病関連情報は将来的に増えていく可能性が高い．

本稿ではホタテガイとその近縁種・アカザラガイの疾病情報について紹介する．

(1) *Perkinsus qugwadi* 感染症

カナダ西部の太平洋岸では，ホタテガイを含むイタヤガイ類は食材としての人気が高い．そのため，現地ではイタヤガイ類の養殖生産を望む声が高かったものの，天然に生息するイタヤガイ類は成長が遅く養殖対象種としては適していなかった．そこで白羽の矢を立てられたのが，成長も早く養殖生産技術開発に成功して注目を集めていた日本のホタテガイであった．カナダの中央政府や地方自治体が一丸となったホタテガイ導入プロジェクトが立ち上げられ，1980年代に日本の青森県よりホタテガイが空輸された．現地では輸入されたホタテガイを直接養殖に用いるのではなく，人工種苗生産用の親貝として使用，養殖用種苗の作出を行った．生産された人工種苗は，太平洋岸にあるバンクーバー島周辺の海域へ移送され養殖用試験に使用された．試験養殖結果は良好であったため1980年代後半よりバンクーバー島にホタテガイ生産会社が設立され，本格的生産が開始された．

ところが，生産開始直後よりバンクーバー島周囲の複数の養殖場で幼貝の大量死亡が発生した．死亡率はしばしば90％を超え甚大な被害であったが，この際の調査で本症の病原原虫 *Perkinsus qugwadi* が見つかった．発見当初，この病原体の分類群は不明であったことから Scallop Parasite Unknown (SPX) とよばれ，

現在でも略称として使用される．

　ホタテガイはこの原虫の侵入に対し，白血球様細胞を動員する防御反応を示す．この際，多量の白血球様細胞が原虫周囲に集まるため，感染部位は肉眼的に黄白色の斑点として観察できるほどである．しかし，このような炎症反応も P. qugwadi に対しては効果が薄い模様で，組織中に大量の原虫細胞が観察される重篤感染個体も多い（図 5.12）．大量な寄生を受けた組織は機能不全に陥ると考えられ，これによって死亡が引き起こされるのだろう．

　ホタテガイに対して強い病害性を示す P. qugwadi であるが，研究はあまり進んでいない．P. marinus の項で記したように，Perkinsus 属自体は二枚貝の寄生原虫として知見がもっとも多く蓄積されている分類群だが，本種はほかの Perkinsus 属各種と系統学的に離れており，生活環や生物学的性状が大きく異なるようである．そのため，既存の Perkinsus 属原虫研究技術が応用できず，対策研究が遅れているといえる．また，カナダでのホタテガイ生産規模はほかの水産物に比べて小さく，本症の経済的重要性が高くないことも理由の 1 つである．

　研究が進んでいない最大の理由は本症の不定期的な発生にある．前述のバンクーバー島中部に位置するカニッシュ湾では，1986 年から 2000 年まで本症が猛威を振るっていたが，2001 年に忽然とその姿を消し，その後，2008 年までの調査でも発生がまったくみられなかった．そのため，本種は完全に消滅し産業的被害は解決したものと考えられ，調査も打ち切られていた．しかしながら 2011 年に同海域で調査を再度実施したところ，今度は採集個体の約半数に感染が認められ，ふたたび本症は流行状態に入っていたが，2016 年からは再度姿を消してし

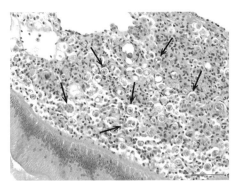

**図 5.12**　ホタテガイの消化管周囲に大量寄生した
Perkinsus qugwadi の細胞（矢印）

まっている．本症の不規則な発生理由はまったく分かっていないが，研究試料入手の困難さが研究の進展を阻んでいることは間違いない．

さて，原因寄生虫 $P.\ qugwadi$ の起源であるが，日本国内のホタテガイから報告されたことはない．また日本よりホタテガイを輸入した際に，カナダ当局は厳密な検疫を実施し，懸念される病原体が存在しないことを確認している．さらに輸入された個体は人工種苗生産に使用後，カナダの天然海域には接触することなく処分された．これらを考えあわせると $P.\ qugwadi$ はホタテガイに伴って日本からカナダにもち込まれたわけではなく，もともとカナダ西岸に分布していた生物と考えるのが妥当である．おそらく，本種は現地の二枚貝類に寄生していたが，新たに移入されたホタテガイへと宿主転換し強い病害性を示したと考えられている．

なお，ホタテガイはわが国の水産業にとってきわめて重要な生産対象種であるため，大量死を引き起こす本症は重大な脅威と捉えられている．日本の農林水産省はホタテガイの輸入に伴って本病原体がもち込まれないよう，2017 年に水産資源保護法と持続的養殖生産確保法を改正，本症を特定疾病に追加する防疫体制を実施している．

(2) ホタテガイの閉殻筋に膿瘍を呈する疾病類

しばしばホタテガイの閉殻筋（貝柱）内部にピンク～オレンジ色をした粘性の液体が蓄積されていることがある（図5.13）．患部の大きさはさまざまであり小さいもので 1～2 mm 程度，大きいものでは 2 cm 程度にまで達する．閉殻筋と貝殻が接する部分では周縁部が茶色で硬いメラニンに覆われ，「かさぶた」のような構造になることもある．患部を病理組織学的に観察すると，筋肉組織の融解と宿主の白血球様細胞による炎症がみられ，この構造が膿瘍であることを示している．この病気は比較的古くから知られ，「斑点病」を含むさまざまな病名でよばれている．しかし，近年，この症状はさまざまな病原生物によって引き起こされることがわかってきた．そのため単一の疾病によるものではないと考えられ，本稿では概略を記すことにする．

このような症状を呈するホタテガイは北海道および青森県から報告されているが，筆者はそれ以外の産地のホタテガイからも同様の症状を確認した経験がある．また日本だけでなくカナダ西岸や中国のホタテガイ養殖場からも報告されているため，世界各地のホタテガイ生産海域で発生している病気と思われる．

膿瘍が形成された閉殻筋は見た目が悪いため生食用としての価値を失うほか，

ボイル加工を行っても膿瘍部位は穴として残り商品価値を失うため問題となる．また，成育不良や死亡の多い年には膿瘍の発生率も上昇するという調査結果もある．ホタテガイの閉殻筋は殻の開閉だけでなく栄養蓄積器官としても重要であるため，閉殻筋における膿瘍形成がホタテガイに生理的なダメージを与え，死亡や成長不良を引き起こすことも考えられ，原因病原体によっては生産量減少に関与するものもあるだろう．

膿瘍患部の組織学的観察では宿主の激しい防御反応が確認できることから，本症は微生物の感染により起こることは間違いない．膿瘍部からは環境水中に生息する *Vibrio* 属細菌や *Pseudomonas* 属細菌が分離されており，軟体部にできた傷からこれらの細菌が侵入して発症する可能性が示されていた．また患部の磨砕ろ液をホタテガイに注射すると膿瘍が再現されたという報告もあるため，ウイルスを要因の1つとする説もある．最近ではメガイアワビの病原細菌として知られる *Francisella halioticida* が膿瘍患部から高率かつ優占的に検出される症例が知られており，新たな病原体候補として注目を集めている．

本症に類似した疾病として，北アメリカ大陸東北部に生息するイタヤガイ科のマゼランツキヒ（*Placopecten magellanicus*）の閉殻筋に膿瘍が形成されたものがあり，*Mycobacterium* 属細菌の関与が疑われている．おそらく，ほかのイタヤガイ類諸種においても同様の病気は存在するだろう．

(3) 急性ウイルス性壊死症

アカザラガイ（*Chlamys farreri*）はホタテガイよりもやや小型のイタヤガイ類であり，日本国内での養殖生産量は少ないが，中国北部では盛んに養殖されて

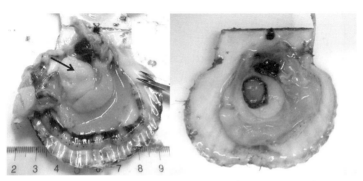

**図 5.13** ホタテガイの閉殻筋に出現する膿瘍（矢印・左）と貝殻近辺に形成された場合のかさぶた状構造（右）

いる種である．本症は 1990 年代半ばに，その中国のアカザラガイ養殖場で大量死を引き起こした疾病である．死亡は高水温期に多く発生し，1～2 歳の個体がもっとも多く死ぬ．感染初期には鰓や外套膜，腎臓，中腸腺に壊死病巣が現れ，病状が進むにつれて外部刺激に対する反応性を喪失する．また多量の粘液を放出するなどの衰弱状態や，正常時には殻の縁辺部まで広がる外套膜の縮退がみられ，発症からおおむね 2～3 日以内に死亡する．死亡率は 90% 近くにまで達し，アカザラガイ生産にとっては重大な脅威とされる．

　壊死病巣を検査したところ，病原体と考えられる大量のウイルス粒子が検出されることからウイルス性疾病であることが知られ，その病状より本症は急性ウイルス性壊死症（Acute viral necrotic disease）とよばれている．原因ウイルス（Acute viral necrosis virus: AVNV）は，粒子の形態的構造などからカキに大量死を起こすカキヘルペスウイルス I 型（OsHV-1）との類縁性が指摘されていたが，近年，AVNV の全ゲノム解析より OsHV-1 の変異型の 1 つであることが確認された．

　ほかのイタヤガイ類に対する AVNV の病原性は不明である．しかし，2001 年にフランスでヨーロッパホタテ（*Pecten maximus*）の稚貝に 100% 近い死亡が発生した際には，OsHV-1 の変異型の 1 つが検出されている．これらのことをあわせて考えると，OsHV-1 の変異型の一部は，ホタテガイを含むイタヤガイ類に対して病原性を示す可能性があるため，厳重な注意が必要である．

(4) ホタテエラカザリ感染症

　ホタテガイの鰓上にオレンジ色の寄生虫が観察されることがあるが，これは節足動物カイアシ類に属するホタテエラカザリ（*Pectenophilus ornatus*）（図 5.8）である．カイアシ類は水圏に生息する動物プランクトンを多く含む分類群であり，その多くは遊泳用の付属肢をもつ．しかし寄生生活へ適応した一部の種では，宿主への固着用の付属肢をもつなど特徴的な形態を備えている．本種の場合，幼生期は付属肢を備えて遊泳生活を送るが，ホタテガイの鰓に着定した発育段階は付属肢を失い，扁平状のまったく異なる形態をもつ．雌の体内には雄の個体が生息しており，繁殖に特化した生活を送っている．

　本種は北海道南部から宮城までに生息しており，この範囲で生産されるホタテガイの鰓上に肉眼で容易に観察される．そのため食品異物として問題視されることもある．また本種はホタテガイの体液を摂取して生活しているため，大量寄生時にはホタテガイの成長不良を引き起こすため問題となる．なおホタテガイのほか，アカザラガイに寄生することも知られる．

### 5.2.3 ホタテガイとカキの疾病対策

ホタテガイやカキをはじめとする二枚貝は水中に生息するプランクトンを摂食しており，養殖生産においてもこの点は変わらない．そのため感染症が発生した場合，薬剤を餌に混ぜて投与し治療することは現実的に不可能である．また，生産海域は天然の水域であるため広大であり，有効な濃度の薬剤を投与することもできない．さらに，二枚貝を含む無脊椎動物の場合，抗体による獲得免疫系は保有しておらず，ワクチンによる感染予防も現状では不可能である．

薬剤による治療やワクチン予防が困難である二枚貝感染症への対策として，以下の2つの方向性が考えられる．1つめは，病気に強い個体を人為的に作出して育てることである．実際，病気に強い系統を選抜する選抜育種は古くから行われており，1964年にアメリカで発生した *Haplosporidium nelsoni* 感染症による大量死の際には，生残したバージニアガキを用いた種苗生産が試みられている．このような選抜育種はさまざまな感染症に対して試みられており，良好な成績をおさめることが多い．

最近では耐病性に関係する遺伝子を耐病性品種開発のマーカーとして使用することも試みられている．たとえば，*P. marinus* はセリンプロテアーゼというタンパク分解酵素を分泌し，宿主であるバージニアガキ組織を溶かして増殖することが知られる．そこで，このセリンプロテアーゼを阻害するタンパク質を多く産生するバージニアガキ系統を作出することで，本原虫に対し抵抗性をもつ系統の選抜も試みられている．

上述したような耐病性品種開発は，農業や畜産などの食料生産において広く行われてきているため，遺伝子操作などと異なり消費者の心理的な抵抗の少ない手法といえる．しかし，カキ類の耐病性品種開発の場合，ある病原体に対して耐病性を獲得しても，ほかの病原体に対して耐病性を示すとは限らないケースが多く，複数の疾病問題を解決するような系統作出にはまだまだ時間がかかりそうだ．さらに，耐病性品種開発には長い時間と大規模な種苗生産施設，そして多くの予算と人員が必要となる．ヨーロッパや北アメリカ，オセアニアなど養殖用種苗の多くを企業的に人工生産する地域では現実的だが，養殖用種苗の大部分を天然種苗に依存する日本などでは現実的には難しい．

もう1つの現在広く行われている疾病対策は，病原体を生産海域にもち込まない防疫体制の強化である．カキやホタテガイを含む二枚貝養殖では，国内外を問わず種苗を移動させることが広く行われてきた．このことは主要な種苗産地以外

での安定的な養殖生産を可能としたが,一方で養殖用種苗の移動に伴った病原体の拡散を招いている.生産海域にもち込まれた病原体は多くの場合,生産施設周辺に生息する天然個体に拡散し当該海域に定着する.天然海域に拡散した病原体の撲滅・駆除はほぼ不可能であるため,当該海域での生産は長期的な影響を受けることとなる.そこで病原体をもち込むおそれのある種苗の移動は厳に慎むことが,きわめて重要かつ基本的な疾病対策となる.

現在,国際獣疫事務局(OIE)は重要な水生動物疾病を指定し,これらの診断法や各国の発生状況を含む情報を提供するサービスを行っている.そして多くの国ではこの情報を参照しつつ,種苗の国際的取引に際して防疫措置を実施している.わが国ではOIEの情報に加えて,独自に重要と判断した疾病に対しても防疫措置を実施しており,ホタテガイとカキ類の生産についても疾病被害から守る体制の整備を行っている.しかし,国内における種苗の流通に関しては,病原体拡散防止の観点での明確な基準が設けられておらず,これについては対策強化が求められることになる.

〔伊藤直樹〕

## 文　献

Bower, S. M., McGladdery, S. E. *et al.*(1994). *Annual Review of Fish Diseases*, **4**, 1-199.
Bower, S. M.(2006). Fish Diseases and Disorders, Volume 1: Protozoan and Metazoan Infections. Second Edition (P. T. K. Woo (ed.)), 629-677, CABI International.
Buestel, D., Ropert, M. *et al.*(2009). *J. Shellfish Res.*, **28**, 813-820.
Degremont, L., Garcia, C. *et al.*(2015). *J. Invertebr Pathol.* **131**, 226-241.
Ford, S. E. and Tripp, M. R.(1996). The Eastern Oyster *Crassostrea virginica* (S. Kennedy, R. I. E. Newell *et al.*(eds.)), 581-642, Maryland Sea Grant Book.
Getchell, R. G., R. M. Smolowitz *et al.*(2016). Scallops: Biology, Ecology, Aquaculture, and Fisheries (S. E. Shumway and G. J. Parsons (eds.)), 425-468, Elsevier.
伊藤直樹(2013).養殖ビジネス,**2013年12月号**,13-15.
Itoh, N., H. Komiyama *et al.*(2004). *Int. J. Parasitol.*, **34**, 1129-1135.
長澤和也(2001).魚介類に寄生する生物,成山堂書店.
Ray, S. M.(1996). *J. Shellfish Res.*, **15**, 9-11.
湯浅 啓(2013).養殖ビジネス,**2013年11月号**,13-15.

# 6
## カキ・ホタテガイの食品学

### 🌙 6.1 食品学的特徴

カキ類は一般に,殻を除いた軟体部全体を食用対象とする.ホタテガイでは主として閉殻筋(以降,貝柱)を食用対象とするが,軟体部の重さの15%程度である.それ以外の器官(生殖巣,外套膜いわゆるヒモ)や組織も食用とすることがある(図6.1参照).貝柱以外の組織は有害成分を含む可能性があるので注意が必要である(後述).

カキ(牡蠣)の漢方(薬膳)的性質として,五性は平(体を温めも冷やしもしない),五味は甘鹹,帰経は心肝腎,ホタテガイではそれぞれ平,甘鹹,腎胃とされ,作用する臓器は異なるが,いずれも食物としては「穏やかな」部類に入る.

表6.1にマガキ,ホタテガイを含む各種二枚貝および巻貝(腹足類)アワビの可食部の成分組成を示す.アサリ,シジミ,ハマグリ,ホッキガイではマガキと同様に貝殻を除いた軟体部全体,アワビでは貝殻と内臓を除いたものが可食部で

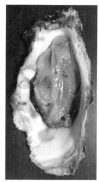 

**図 6.1** 左側(上側)の貝殻を取り除いたマガキ(左)とホタテガイ(右)

**表 6.1** 食用貝類（可食部）の成分組成（100 g あたり）（文部科学省，2015）

|  | マガキ | ホタテガイ 全体 | ホタテガイ 貝柱のみ | アサリ | シジミ | ハマグリ | ホッキガイ | アワビ |
|---|---|---|---|---|---|---|---|---|
| 水分 (g) | 85.0 | 82.3 | 78.4 | 90.3 | 86.0 | 88.8 | 82.1 | 81.5 |
| タンパク質 (g) | 6.6 | 13.5 | 16.9 | 6.0 | 7.5 | 6.1 | 11.1 | 12.7 |
| 脂質 (g) | 1.4 | 0.9 | 0.3 | 0.3 | 1.4 | 0.6 | 1.1 | 0.3 |
| 炭水化物 (g) | 4.7 | 1.5 | 3.5 | 0.4 | 4.5 | 1.8 | 3.8 | 4.0 |
| 灰分 (g) | 2.3 | 1.8 | 1.3 | 3.0 | 1.2 | 2.8 | 1.9 | 1.5 |
| 無機質 | | | | | | | | |
|   ナトリウム (mg) | 520 | 320 | 120 | 870 | 180 | 780 | 250 | 330 |
|   カリウム (mg) | 190 | 310 | 380 | 140 | 83 | 160 | 260 | 200 |
|   カルシウム (mg) | 88 | 22 | 7 | 66 | 240 | 130 | 62 | 20 |
|   マグネシウム (mg) | 74 | 59 | 41 | 100 | 10 | 81 | 75 | 54 |
|   リン (mg) | 100 | 210 | 230 | 85 | 120 | 96 | 160 | 100 |
|   鉄 (mg) | 1.9 | 2.2 | 0.2 | 3.8 | 8.3 | 2.1 | 4.4 | 1.5 |
|   亜鉛 (mg) | 13.2 | 2.7 | 1.5 | 1.0 | 2.3 | 1.7 | 1.8 | 0.7 |
|   銅 (mg) | 0.89 | 0.13 | 0.03 | 0.06 | 0.41 | 0.10 | 0.15 | 0.36 |
|   ヨウ素 (μg) | 73 | - | 2 | 55 | - | - | - | 180 |
|   セレン (μg) | 48 | - | 18 | 38 | - | - | - | 7 |
| ビタミン | | | | | | | | |
|   A (μg) | 6 | 150 | 0 | 22 | 100 | 25 | 10 | 17 |
|   E (mg) | 1.2 | 0.9 | 0.8 | 0.4 | 1.7 | 0.6 | 1.4 | 0.5 |
|   $B_{12}$ (μg) | 28.1 | 11.4 | 1.7 | 52.4 | 68.4 | 28.4 | 47.5 | 0.4 |
|   葉酸 (μg) | 40 | 87 | 61 | 11 | 26 | 20 | 45 | 22 |
| 食塩相当量 (g) | 1.3 | 0.8 | 0.3 | 2.2 | 0.4 | 2.0 | 0.6 | 0.8 |
| 廃棄率 (%) | 75 | 50 | 0 | 60 | 75 | 60 | 65 | 55 |

いずれも生で，貝殻以外の部分（ホタテガイについては貝柱の成分も記載）．
ビタミン A は $\beta$-カロテン当量で表示．

ある．廃棄率（食用にできない部分の割合）は，貝殻の大きさから感覚的にわかるように，マガキで 75 % ともっとも高く（つまり可食部はわずか 25 %），シジミと同程度である．ホタテガイでは約 50 %（可食部 50 %）であるが，これは貝柱に加え，内臓などを含んだ，軟体部全体の割合である．

貝類の一般成分（水分，タンパク質，脂質，炭水化物，灰分）の特徴として，水分が 80 % 以上と高いことがあげられるが，ホタテガイの貝柱では水分が 80 % を下回る．タンパク質は 10 % 以下のものが多いが，ホタテガイやアワビでは筋肉の割合が多いこともあって，タンパク質含量が高めである．貝柱は筋肉そのものである．貝類の脂質含量は 1 % を下回るものが多く一般に少ないが，マガキはシジミと同程度（1.4 %）とやや多い．冬場には 3 % を超すこともあるという．

炭水化物のほとんどはグリコーゲンである．グリコーゲンはグルコース（ブド

ウ糖）がグリコシド結合で多数（数千〜数万個）つながった物質で，動物デンプンともいわれる（図6.2）．エネルギーが必要になると，粒子表面にある無数の末端からグルコースが酵素により切り出されて利用される．急場のエネルギー需要を満たすのに都合のよい構造をとっている．私たちの肝臓にも蓄えられ，血糖調節に役立っている．グルコース分子が枝分かれした構造は，デンプンの一成分であるアミロペクチンによく似ている．グリコーゲンとデンプンに含まれている単位重量あたりエネルギーに差はない．貝類は脂質をあまり蓄積しないが，繁殖期に備えグリコーゲンという形でエネルギーを蓄える．グリコーゲンは冷たい水には溶けないが，煮汁には溶け出してくる．グリコーゲン自体には味がないものの，エキスのコクや「とろみ」，濃厚さや後味に影響し，エキス全体のおいしさを引き立てるといわれる．グリコーゲンに富むカキのエキス（加熱調理により出てくる汁，だし汁で呈味成分などを含む）の滋養効果に注目したのが，その名も「グリコ」のキャラメルであった．

灰分はいわゆる無機質のことで，海産の二枚貝はナトリウムが多く，そのため食塩相当量が高い．これは体内の浸透圧を海水のものにあわせているためである．結果としてしょっぱく感じるが，マガキはアサリやハマグリほどしょっぱくはない．これは調理する際に重要で，貝にもともと含まれる塩分を考慮して，適当な塩分を補うのがよい．ホタテガイの貝柱は淡水のシジミ程度のナトリウム含量で，塩っぽくは感じず，むしろ遊離アミノ酸など，ほかの成分の影響で強い甘味を感じる（後述）．亜鉛や銅はマガキでとくに高い．鉄はホタテガイの貝柱で極端に

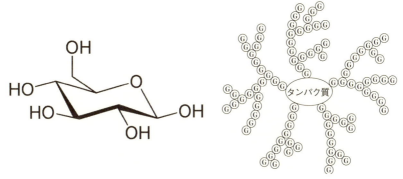

**図6.2** グルコース（左）とグリコーゲン（右）の構造
Ⓖ1粒が1分子のグルコースに相当．中心にあるのは核となるタンパク質．

低い．ヨウ素やセレンも二枚貝の中ではマガキが高い値を示す．

ビタミンについては，ホタテガイでA含量が著しく高く，シジミの値を上回る．$B_{12}$や葉酸は貝類には比較的多く含まれているが，マガキにはハマグリと同程度の$B_{12}$が含まれており，ホタテガイでは葉酸が明らかに多く，カキではホッキガイと同程度である．ほかのビタミンについては含量が総じて低いため，これらの貝類はビタミン補給源としての価値は低い．

なお，これらの成分は季節や産地などの影響を受けて変動するものなので，あくまでも1つの目安と考えるほうがよい．この変動には産卵期がとくに大きく関わる．マガキの産卵期は6～8月ごろであり，産卵期の前にはグリコーゲンの蓄積がみられる（図6.3）．この蓄積時期が「旬」に相当する．タンパク質や脂肪の含量にも季節変動がみられる．産卵に伴いマガキの身は一気にやせる．そのため旬の時期は，産卵後，身が太りだす10月以降から4月ごろまで（英語でRが含まれる月，Octoberなど）とされるが，近年の養殖技術の向上もあり，周年，生ガキが流通するようになった．一方，マガキと同じ属のイワガキが夏場でも食用可能なのは，産卵期が分散していて，軟体部の構成成分が大きく変化しないためである．ホタテガイでは2～4月ごろの産卵期に向けて栄養分を蓄える，冬から春先にかけて旬を迎える．グリコーゲン含量だけでなく，貝柱や生殖巣の大きさなども変化する（図6.4，6.5）．

マガキ軟体部の遊離アミノ酸含量の季節変化に関する報告によれば，ほとんど

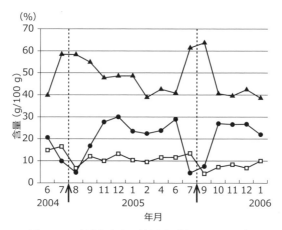

図6.3　カキ軟体部成分の季節変化（米田ほか，2012）
　　　　粗タンパク質（▲），粗脂肪（□），グリコーゲン（●）．

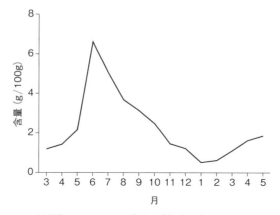

**図 6.4** ホタテガイ貝柱のグリコーゲン含量の季節変化（Kawashima *et al.*, 1996 改）

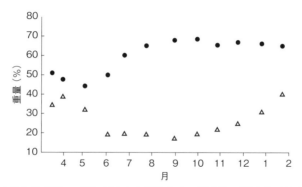

**図 6.5** ホタテガイ（3年貝）の貝柱（●）と生殖巣（△）の湿重量の季節変化（宮園ほか，2000）

すべてのアミノ酸が3月に最大値に達したあと，減少に転じ，6月から8月にかけては非常に低いレベルを維持するが，その後，増加傾向となる．3月のグルタミン酸量は 200 mg/100 g，アスパラギン酸量は 80 mg/100 g を超える．

ホタテガイでは，全脂質や不けん化物の含量は産卵期前（8月ごろ）に生殖巣に運ばれるため低くなるようである．成長が遅くなる冬場（2〜3月）には，貝柱の脂質含量が低くなる．ステロールの主成分はコレステロールとその誘導体であるが，季節変化は小さく，また雌雄間には明確な差はみられないという．

また，産地が違えば，同じ種類でも水温（その変動），餌となるプランクトンの組成や量，海水の成分などが変わるため，見た目や味が大きく異なることが知られている．マガキには国内産のほか，フランス産やオーストラリア産のものも

あり，外観や風味は多様である．良質のカキを育てるためには，養殖海域沿岸の森林の重要性も指摘されている．

いくつかの養殖対象魚介類では三倍体の作出が試みられてきたが，マガキもその1つである．通常の個体は一対（2セット）の染色体をもつ二倍体であるが，三倍体は3セットもつために不妊であり（子孫を残せない），性成熟にエネルギーがまわらないため，その分，体が大きくなる．マガキなどについて行われた官能評価の結果，通常の二倍体よりもグリコーゲン含量が高く，より歯ごたえのある三倍体のほうが好まれたという．また，最近マガキでは育成法にこだわり，粒の大きさや味の濃厚さや独特の風味，特有の食感を売りにしたブランド品も多数，市場に出回っている．マガキという同じ種類とは思えないこれらのブランドガキの成分は多様と思われるが，データとしてはまとまっていない．

ホタテガイ貝柱は通常，0.02〜0.05 mg/100 g のカロテノイドを含むため薄黄色の色調を示すが，まれに橙色を示すものがみられる（発生率は0.15〜0.2％）．「赤玉」とよばれるこの現象は，カロテノイド，とくにペクテノロン（図6.6）の蓄積によるもので，アカガイなどほかの二枚貝にも含まれている．この色素は，サケ肉やイクラ（卵）の橙色の成分であるアスタキサンチンと構造がよく似ている．珪藻などプランクトンから取り込んだカロテノイドを体内で代謝した結果，生じたもので，春ごろから赤みが増すという．赤玉は通常の貝柱とは色素以外の成分に差がみられないが，やや安値で取引されているようである．一方，亜鉛や銅が過度に蓄積したカキはミドリガキとよばれ，食用には不適である．

各種貝類可食部のアミノ酸組成を表6.2に示す．ここでいうアミノ酸組成とは，

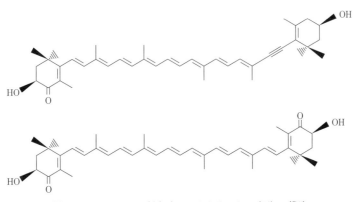

**図6.6** ペクテノロン（上）とアスタキサンチン（下）の構造

タンパク質由来や遊離アミノ酸の総量をさす．分析に先立って，タンパク質を塩酸で加水分解することですべてのアミノ酸を遊離状態にしている．生物を食用利用するときに問題となるのは，それぞれの生物がもつタンパク質がどれだけヒトのもののアミノ酸バランスに近いかということで，利用しやすい条件として必須アミノ酸（体内で合成できないアミノ酸）の量とバランスが問われる．この程度を表すのがアミノ酸スコアで，この値が100に近いほど，良質のタンパク質ということになる．表6.2にみるとおり，ホタテガイでは全体，貝柱ともに，アミノ酸スコアはシジミやアワビと同様に100であるが，マガキでは83である．これはトリプトファンの含量が低く制限アミノ酸となるためで，アサリとよく似ている．ただし，アサリではヒスチジンも第2制限アミノ酸となっている．

つぎに，総脂質の脂肪酸組成については表6.3に示すように，マガキやホタテガイ（全体）では総量は少ないものの，n-3(ω3)系のドコサヘキサエン酸(DHA)

表6.2 食用貝類（可食部）のアミノ酸組成（mg/100 g）（文部科学省，2015）

| | マガキ | ホタテガイ 全体 | ホタテガイ 貝柱のみ | アサリ | シジミ | ハマグリ | アワビ |
|---|---|---|---|---|---|---|---|
| イソロイシン | 220 | 450 | 570 | 220 | 290 | 220 | 390 |
| ロイシン | 370 | 780 | 1100 | 370 | 460 | 370 | 710 |
| リシン | 400 | 800 | 1100 | 390 | 530 | 390 | 550 |
| メチオニン | 140 | 290 | 380 | 130 | 170 | 130 | 220 |
| シスチン | 81 | 180 | 250 | 79 | 100 | 95 | 140 |
| フェニルアラニン | 220 | 400 | 510 | 200 | 280 | 180 | 310 |
| チロシン | 180 | 330 | 420 | 190 | 270 | 190 | 300 |
| トレオニン | 260 | 510 | 590 | 250 | 410 | 220 | 420 |
| トリプトファン | 58 | 100 | 130 | 57 | 97 | 60 | 96 |
| バリン | 250 | 470 | 550 | 240 | 360 | 240 | 430 |
| ヒスチジン | 130 | 250 | 280 | 110 | 170 | 130 | 150 |
| アルギニン | 340 | 910 | 910 | 380 | 470 | 390 | 1100 |
| アラニン | 360 | 610 | 890 | 380 | 480 | 470 | 710 |
| アスパラギン酸 | 570 | 1100 | 1400 | 570 | 660 | 520 | 1000 |
| グルタミン酸 | 840 | 1600 | 2100 | 810 | 850 | 760 | 1700 |
| グリシン | 360 | 1700 | 2000 | 460 | 380 | 300 | 1200 |
| プロリン | 290 | 360 | 440 | 210 | 320 | 180 | 610 |
| セリン | 250 | 480 | 580 | 230 | 310 | 200 | 510 |
| 合計 | 5400 | 11000 | 14000 | 5300 | 6600 | 5100 | 11000 |
| アミノ酸スコア | 83 | 100 | 100 | 81 | 100 | 86 | 100 |
| 制限アミノ酸 | Trp | | | Trp(81) His(92) | | Trp(86) AA*(95) | |

いずれも生で，貝殻以外の部分（ホタテガイについては貝柱の成分も記載）．
*AA 芳香族アミノ酸（フェニルアラニン，チロシン）．

やエイコサペンタエン酸（EPA）が含まれる．これらの脂肪酸には血栓防止作用などの健康機能性が認められているが，貝類では含量が低いため，それらの補給源としてはすぐれていない．一方，動脈硬化の原因とされるコレステロールについては，鶏肉（ささみ）と同程度の値となっている．

マガキはほぼすべてが養殖物であるのに対し，ホタテガイでは主流の養殖ものに加え天然ものも出回るが，両者に味の差はないという．ただ，生の貝柱に比べ，冷凍品の風味や食感は明らかに劣る．味の発現に関与する遊離アミノ酸については表6.4に示すように，マガキでは味に関係しないタウリン（厳密にはアミノ酸ではない）が主成分であり，うま味を示すグルタミン酸，甘味を示すグリシンやアラニンの含量が低い．生殖巣が発達しないため身が大きくなる利点をもつ先述の三倍体では，遊離アミノ酸含量は全体的に二倍体よりも低い．マガキ同様に食用とされるイタボガキでは，とくに筋肉にグルタミン酸が多い．イタボガキ属 *Ostrea rivularis* の貝柱と内臓の風味の違いについて行われた研究によると，貝柱の遊離アミノ酸総量は内臓の約5倍に及び，貝柱のほうがはるかに濃厚な味がすること，貝柱の風味にはグルタミン酸の寄与の程度がもっとも大きく，バリン，アルギニン，リシン，アラニンも関与することが認められている．貝柱では甘味とうま味，そして総合評価が明らかに高く，内臓では苦みや生臭さが強いことが

表6.3 食用貝類（可食部）の脂質組成（100 g あたり）（文部科学省, 2015）

| | マガキ | ホタテガイ 全体 | ホタテガイ 貝柱のみ | アサリ | シジミ | ハマグリ | ホッキガイ | アワビ |
|---|---|---|---|---|---|---|---|---|
| 脂肪酸 | | | | | | | | |
| 飽和 (g) | 0.23 | 0.18 | 0.03 | 0.02 | 0.24 | 0.09 | 0.10 | 0.04 |
| 一価不飽和 (g) | 0.18 | 0.09 | 0.01 | 0.01 | 0.14 | 0.05 | 0.10 | 0.03 |
| 多価不飽和 (n-3系) (g) | 0.29 | 0.12 | 0.05 | 0.03 | 0.14 | 0.1 | 0.08 | 0.02 |
| 多価不飽和 (n-6系) (g) | 0.04 | 0.01 | 0.01 | 0.01 | 0.04 | 0.03 | 0.02 | 0.02 |
| リノール酸 n-6 (mg) | 18 | 2 | 1 | 1 | 11 | 3 | Tr | 1 |
| α-リノレン酸 n-3 (mg) | 9 | 3 | Tr | Tr | 15 | 5 | 1 | 2 |
| ODTA n-3 (mg) | 45 | 20 | 1 | 1 | 12 | 6 | 4 | 1 |
| ITA n-3 (mg) | 29 | 4 | Tr | Tr | 1 | 1 | 1 | Tr |
| アラキドン酸 n-6 (mg) | 12 | 8 | 4 | 4 | 11 | 12 | 12 | 18 |
| EPA (IPA) n-3 (mg) | 120 | 170 | 24 | 6 | 41 | 32 | 38 | 9 |
| DPA n-3 (mg) | 7 | 3 | 1 | 3 | 13 | 7 | 11 | 11 |
| DHA n-3 (mg) | 71 | 45 | 23 | 18 | 53 | 45 | 24 | Tr |
| コレステロール (mg) | 51 | 33 | 35 | 40 | 62 | 25 | 51 | 97 |

ODTA, オクタデカテトラエン酸；ITA, イコサトリエン酸；EPA (IPA), エイコサペンタエン酸（イコサペンタエン酸）；DPA, ドコサペンタエン酸；DHA, ドコサヘキサエン酸．
Tr：微量．

表 6.4　二枚貝の遊離アミノ酸組成（mg/100 g）（Fuke et al., 1991）

|  | マガキ[*1] | | イタボガキ[*2] | | ホタテガイ | | ヒオウギガイ |
|---|---|---|---|---|---|---|---|
|  | 二倍体 | 三倍体 | 閉殻筋 | 内臓 | 貝柱 | 干し貝柱 | 貝柱 |
| タウリン | 346 | 102 | 96 | 36 | 784 | 2112 | 1083 |
| アスパラギン酸 | 10.6 | - | 46 | 4 | 4 | 1.2 | 203 |
| スレオニン | - | - | 69 | 8 | 16 | 56 | 9.5 |
| セリン | 10.6 | 4.7 | 66 | 6 | 8 | 14 | 1.5 |
| グルタミン酸 | 24.8 | 8.1 | 120 | 22 | 140 | 229 | 164 |
| プロリン | - | - | 12 | 12 | 51 | 221 | 12.3 |
| グリシン | 18.9 | 4.9 | 16 | 16 | 1925 | 3059 | 1570 |
| アラニン | 10.4 | - | 15 | 15 | 256 | 501 | 157 |
| バリン | 16 | 11.4 | 6 | 6 | 8 | 44 | 2 |
| メチオニン | 40 | - | 5 | 5 | 3 | 20 | 1.2 |
| イソロイシン | - | - | 3 | 3 | 2 | 17 | 1 |
| ロイシン | - | - | 8 | 8 | 3 | 23 | 1.1 |
| チロシン | - | - | 2 | 2 | - | 12 | 8 |
| フェニルアラニン | 12.6 | 11.4 | 6 | 6 | 2 | 14 | 0.6 |
| ヒスチジン | - | - | - | 1 | 2 | 2.3 | 2.3 |
| リシン | - | - | 57 | 7 | 5 | 28 | 4.9 |
| アルギニン | 11.1 | - | 59 | 1 | 323 | 1357 | 554 |

ホタテガイ（干し貝柱）以外は生鮮品.
[*1]　マガキは4月のデータ. [*2] *Ostrea* 属.

認められている．とはいえ，カキの貝柱は小さいため（図6.1），これだけを取り出して食用とすることは現実的ではない．

　一方，ホタテガイ貝柱では，含量が100 g中2 gにも達するグリシンが特有の甘味を感じさせる．その他，タウリン，アルギニン，アラニンの含量も高い．近縁のヒオウギガイの貝柱でも，グリシン，タウリン，アルギニン，アスパラギン酸，グルタミン酸が高いことが認められている．これらの呈味成分の構造を図6.7に示す．

　また貝柱のエキスには，生体内の化学エネルギー物質アデノシン 5′-三リン酸（ATP）の代謝物であるアデノシン一リン酸（AMP：5′-アデニル酸）が約170 mg/100 g，甘味を示すグリシンベタインが約340 mg/100 g，無機イオンとしてカリウムイオンやリン酸イオンがいずれも 200 mg/100 g 以上と多く含まれている（図6.8，詳細は後述）．AMPはそれ自体無味であるものの，グルタミン酸と共存するとうま味をたがいに強め合うこと(相乗効果)が知られている．一方，還元型グルタチオンが約 30 mg/100 g 含まれていて「こく味」に寄与すると考えられている．この含量はほかの水生生物（おおむね 10 mg/100 g を下回る）に比

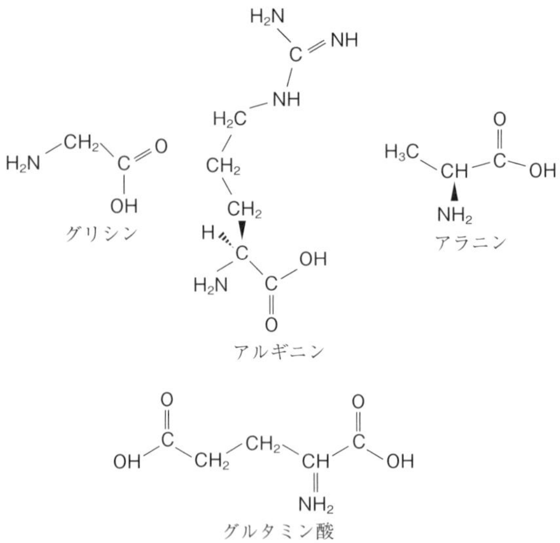

**図 6.7** ホタテガイの味に関わる低分子物質の構造

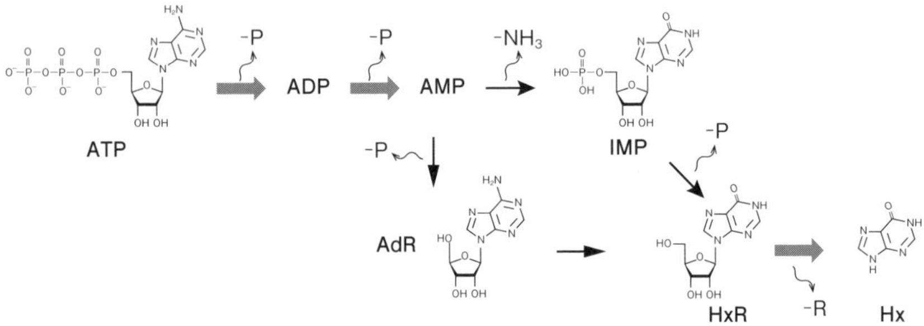

**図 6.8** ATP の分解経路
-P は無機リン酸, -R はリボースを示す. 貝類では AdR を経由する分解経路が主体.

べてきわめて高い.

　合成エキスを用いた研究によると，ホタテガイ貝柱エキスの有効成分はグリシン，アラニン，アルギニン，グルタミン酸，AMP，ナトリウムイオン，カリウムイオン，塩素イオンで，アルギニンは「こく」の増強に，AMP はうま味や甘味に，ナトリウムイオンや塩素イオンは塩味などや後味などに寄与することが判明している．先に述べたグリシンベタインは，マガキ貝柱では 1500 mg/100 g を超すなど量的には多いものの，呈味には寄与しない．

前述のイタボガキ属 *O. rivularis* の貝柱と内臓には AMP がそれぞれ平均で約 670 mg/100 g，約 82 mg/100 g，IMP がそれぞれ約 56 mg/100 g，約 13 mg/100 g 含まれ，筋肉では両者とも閾値を超えているため，味に影響すると考えられている．内臓では AMP が味に影響すると考えられる．一方，有機酸の一種コハク酸は筋肉よりも内臓に多く，その呈味へ影響すると考えられるものの，貝柱の味への関与の程度は低い．同じく有機酸の乳酸は味にほとんど関わっていない．また，無機質については，貝柱と内臓で塩素イオンが，内臓ではリン酸イオンが味に大きく影響しているとみられる．

## 6.2 保存と加工に伴う品質変化

### 6.2.1 鮮度低下に伴う変化

カキについては，殻つきの場合は大きくて厚みがあり重量感があって，殻がしっかりと閉じているものを，むき身の場合は身がふっくらしていて，貝柱に透明感があるものを選ぶとよい．表 6.5 にカキむき身の鮮度評価の目安を示す．軟体部の色合いや貝柱の透明感などから比較的容易に鮮度を知ることができる．見た目もさることながら，においにも気を配り，異臭がしたら思い切って捨てるほうがよい．ホタテガイについては，殻に触れてすぐに閉じるようであれば，生きがよい証拠である．冷凍品は見た目では鮮度の判断がつかない．

表 6.5　マガキの鮮度指標（He *et al.*, 2017 訳）

| 項目＼ランク | 0 | 1 | 2 | 3 |
|---|---|---|---|---|
| におい | 干し草様，爽やか | 強い海藻臭 | 弱い酸敗臭 | 酸敗臭，腐敗臭 |
| 軟体部 | 白みを帯びたクリーム色 | 白く複数の筋 | 黄褐色，薄いとび色，筋模様 | 黄色/淡褐色，多くの筋 |
| 汁 | 清澄 | 清澄で小さなくずあり | 清澄で大きなくずあり | 濁りあり |
| 歯ごたえ | 固くて弾力あり | 柔らかく弾力弱い | 少し柔らかめ | 柔らかめ |
| 外套膜 | 褐色から黒色 | やや色あせ | ほぼ色あせ | 完全に色あせ |
| 鰓 | 繊維構造が明瞭 | 繊維構造がやや不明瞭 | 繊維構造がかなり不明瞭 | 繊維構造が認められない |
| 貝柱 | 薄い白色，透明感あり | 薄い灰色，透明感あり | 薄い灰色，少し不透明 | 白色，不透明 |

鮮度低下における顕著な変化の1つがATPの酵素的分解である（図6.8）．もともと細胞内にあった酵素や微生物由来の酵素の作用によりATPはADP（アデノシン二リン酸），AMP，IMP（イノシン一リン酸）またはAdR（アデノシン），イノシン（HxR），ヒポキサンチン（Hx）へと分解していく．その様相は動物の種類や保存条件などにより大きく異なる．ATPおよびその分解物の総量に対するHxRとHxの合計量の割合（K値）は魚介類の鮮度とよく対応するとして，その指標として用いられる．

K値(%) = (HxR + Hx) × 100 / (ATP + ADP + AMP + IMP + HxR + Hx)

しかし，貝類では図6.8のように，AMPからイノシンを生成する過程はアデノシンを生じる経路が主体であるため，K値よりもむしろ次式で示すアデニル酸エネルギーチャージ（AEC）値が鮮度をよく表すとされている．

AEC値 = 1/2(2ATP + ADP) × 100 / (ATP + ADP + AMP)

マガキを氷蔵した場合のAMPとIMPの含量の変化をみると（図6.9），分解経路の特徴がみてとれる．うま味を示すIMPがあまり増えない．一方，グリコーゲン含量は死後，速やかに減少していくという．

ホタテガイの貝柱を新鮮なまま冷蔵した場合，「硬化現象」がみられることがある．硬化した貝柱は表面が黒ずみ,弾力が下がる（歯ごたえが弱くなる）ため，商品価値を失う．とくに−3℃で保存すると（いわゆるパーシャルフリージング）この現象が顕著に現れ，0℃以上の保存ではあまり起こらなくなる．硬化したものは，そうでないものに比べpHが低く，ATPの分解が進んでいるためK値が高

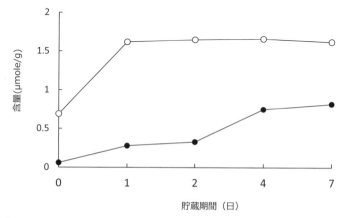

図6.9　氷蔵中におけるマガキ軟体部のAMP（○）とIMP（●）の含量の変化（Yokoyama et al., 1992）

い傾向にある．一方，貝柱を凍結すると加熱調理中の褐変は起こらない．しかし，鮮度が低下するとグリコーゲンが分解してグルコースやリン酸化糖が増加し，凍結，解凍したときに褐変を招くと考えられている．このような凍結貝柱は，解凍速度（急速あるいは緩慢）によらず褐変を起こすとされる．解凍後に冷蔵すると，グリコーゲンやリン酸化糖が減少しグルコースが増加するが，褐変の程度は弱くなる．褐変の原因物質はグルコース-6-リン酸とされる．さらに，カキの乾燥品や凍結品では脂質酸化による褐変が認められることがある．また，缶詰を高温に放置するとメイラード反応による褐変が起きる．

ホタテガイ貝柱を低温に貯蔵すると，5℃では3日目になるとアグマチン，カダベリン，トリプタミンなどの生体アミンが生じ，6日目には腐敗物質の1つプトレシンの蓄積も認められている．0℃では同期間にアグマチンのみが生成するが，−3℃では2週間後でも生体アミンは生成しない．生体アミンは遊離アミノ酸の一部から，微生物の脱炭酸酵素により生成する物質であり，健康にとって好ましくない．そのため，生鮮貝柱はできれば氷蔵し，数日のうちに消費することが望ましい．関連して，赤身魚に生成，蓄積して，摂食した際にアレルギー様症状を引き起こすヒスタミンも生体アミンの1つであり，遊離ヒスチジンから微生物の作用により生じる．貝類にはもともと遊離ヒスチジンがほとんど含まれないため（表6.4），問題とはならない．

マガキの貯蔵中には臭気成分の変化も認められる．鮮度低下臭には便臭の原因物質インドールや生臭さの原因物質トリメチルアミンの増加よりもむしろ1,3-ジエチルベンゼンの増加の影響が大きい．鮮度低下により2,5-オクタジエンなどには顕著な減少がみられるという．

### 6.2.2 調理のポイント

殻を開けるためには専用の貝むき（ナイフ）を使うが，もちろん，それぞれの貝専用（形状が使いやすく工夫されている）のナイフが市販されている（図6.10）．カキ用のナイフ（オイスターナイフ）の形は写真に示したもの以外にもさまざまである．手さばきが主流だが，自動殻むき機を使用している工場もある．カキでは貝殻の形がそれぞれ異なっていてわかりにくいが，貝柱は殻がやや湾曲している側（図6.1左では中央付近の左寄り）の近くにある．この付近に見当をつけて貝柱を切る．まず，厚みのある側を下，蝶番を手前にして左手にもち（右利きの場合），殻の境目にナイフを入れ，貝柱を切ってから殻をこじ開ける．もう一方

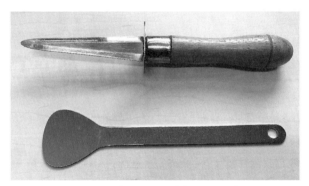

**図 6.10** カキとホタテガイをむくための道具
オイスターナイフ（上）とホタテヘラ（下）．

の殻から身をはがす場合は，貝柱の付け根を切るとよい．カキの殻は開けづらく，刃先が滑って手にケガをする可能性があるので，軍手を着用しておく．むいたあとは，大根おろしを洗い水（3％程度の食塩水）に加えておくと，汚れがとれやすくなる．

一方，ホタテガイでは，殻が閉じていても隙間からナイフやヘラを入れられるので，たやすくさばける．果物ナイフを使っても開けることは容易である．まず，ふくらみの無い（色の濃い）表側の殻のほうから，貝柱の白い部分（平滑筋，図6.1 右で，貝柱の右側にある細長い三日月状の部分）をまず殻からはがすように切断し，さらに残りの貝柱も殻から丁寧にはがしていけば，片方の殻が取り除ける．反対側の殻からも貝柱をはがし，ついで，貝柱周辺の外套膜（ひも）や内臓（生殖巣など），中腸腺（ウロ，黒っぽい部分）を手で取り除く（図 6.1 右を参照）．ウロは貝柱などに苦味が移らないよう，傷つけないように取り除く．ちなみに，貝柱の白い部分はエネルギーをあまり使わずに貝殻を長時間閉じておくための筋肉（キャッチ筋，平滑筋）で，ほかの二枚貝にもあるが，ホタテガイのものはとくに大きい．貝柱の主要部（横紋筋）とは構成タンパク質も異なり，コリコリとした食感がある．なお，貝柱のサイズにはつぎのような規格がある．2L：16～20 粒 /kg（直径 5～6 cm），L：21～25（5～7），M：26～30（5～6），S：31～35（4～6），2S：36～40（3～6），3S：41～50（3.5～5），4S：51～60（3～4.5），5S：61～80（2～4）．

カキのむき身は生食用と加熱用が流通している．生食用は衛生基準を満たした海域で養殖されたものか，収穫後，清浄な海水に一定期間放置，あるいはむき身

を洗浄したものであるが，エキス分が抜け，味が薄くなっている．むき身の際に出た汁をむき身に加えてパックすることで，鮮度は保たれる．むき身にされても低温に保てば数日間は生きている．しかし，生食用といえども，細菌やウイルスが含まれている可能性があるので，食中毒を避けたければ，加熱してから食べるほうが望ましい．一方，加熱用は，収穫後，洗浄などの工程を経ないで流通するもので，生食には向かないものの，エキス分が保持されている．

### 6.2.3 料理法

カキは生食（すしネタや酢のものを含む）のほか，鍋料理，フライ，焼き物，炊き込み飯，すまし汁，天ぷら，味噌田楽，つくだ煮，洋風のグラタン，チャウダーと食べ方はいくらでもある．ほかの貝類と同様に，加熱しすぎると身が縮んでエキス分が出てしまうので，火の通り加減をみながら調理することが大切である．カキの生産量が全国1位の広島県では料理法も多彩である．雑煮にはじまり，塩煮，生姜煮，つけ焼き，海苔巻き，味噌煮，殻蒸し，殻焼きなどがある．

一方，ホタテガイの食べ方には刺身のほか，フライ，殻焼き，煮物，汁物，グラタン，コキーユなど，無限といってよいくらいある．貝柱を刺身にする場合，筋肉の繊維（貝殻に対して垂直方向）を切るように貝柱に対して水平方向に包丁を入れ，3切れ程度に切り分ける．生きた貝から貝柱を取り出しても，低温に保てばしばらくは生きている．酸素が多い条件で貯蔵すると，硬化もおこらず長もちするという．

### 6.2.4 加工品と加工中の成分変化

カキは缶詰（水煮，油漬け），醤油，塩辛，濃縮エキス（加工時の煮汁を利用），ソース（蠔油，牡蠣油；カキのゆで汁を濃縮し調味加工したもので，広東料理を中心に用いられる）などに加工される．ホタテガイの加工品には，干し貝柱，ボイル品，くん製，缶詰（水煮），ヒモの素干しや調味品，塩辛などがある．ホタテガイ貝柱は冷凍品，煮干し品（干し貝柱），くん製，水煮缶詰として，ベビーホタテ（稚貝）は蒸煮後，冷凍品として，また，魚肉すり身を利用したイミテーション貝柱も市販されている．これは，カニ足かまぼこ（クラブスティック）にならい，繊維状に細くしたかまぼこ（魚肉製）を結着したもので，ホタテガイの加工中に出た煮汁などを加えることで，食感だけでなく風味も本物に近づけている．干し貝柱は，飴色でつやがあり，形が整っているものを選ぶとよい．原料の

鮮度のよさが製品のよしあしを決める．

　この干し貝柱では製造工程において，水分が生の78.4％から17.1％へ，タンパク質が13.5％から65.7％へと変化する．遊離アミノ酸については表6.4に示すように，乾燥工程における水分の減少もあって，主要なアミノ酸の含量が2～3倍に増加する．その他の呈味成分も増加する（濃縮される）ため，干し貝柱は濃厚な味を呈することになる．また，煮干し品特有の香気も加わる．貝柱を加熱するとATPの分解物の主体はAMPであり，ついでADP，AdRへと順次分解されるが，IMPはほとんど生じない．IMPは生の状態でも少ないが，加工後もほとんど変化しない．グリシンベタインやホマリンの含量は減少する．貝柱の薫油漬けでは，煮熟，焙乾，薫乾という加工工程を経て，歩留りが原料（殻つき）に対し，10％弱にまで落ちてしまう．一方，貝柱の筋原線維タンパク質は，魚類でもっとも安定な部類のカツオのものに匹敵するくらいの熱安定性を示す．

　ホタテガイ干し貝柱の表面に発生する白い結晶はタウリンやグリシンで，それぞれ約250 mg/g，210 mg/gと圧倒的に多く，アミノ酸総量のおよそ95％を占める．その他リン酸イオンが約150 mg/g，ナトリウムイオンが約40 mg/g，塩素イオン，アンモニウムイオンも含めると，結晶の重さの約2割を占める．貯蔵時の湿度が高いと結晶が発生しやすいとされる．

　カキのゆで汁（煮汁）の成分は水分80.3％，窒素分（タンパク質や遊離アミノ酸由来）6.7％，灰分8.5％，塩分7.6％，グリコーゲン2.4％，脂質はほとんどない．加熱調理する際，これらの成分がエキスとして流出するということでもあるので，ゆで汁は有効に利用することが望ましい．実際に，工場で得られる煮汁を煮詰めて，カキエキスとして利用する場合もある．一方，煮汁をタンパク質分解酵素で処理したものには，遊離アミノ酸としてタウリン，グリシン，ヒスチジンなどが100 mLあたり総量約5 g含まれるほか，2,3-ブタンジオン（バター臭），3-メチルチオプロパナール（醤油臭）などの揮発性成分が生じる．

### 6.2.5　貝殻や残渣の利用

　カキ殻は昔から，砕いたものが牡蠣（ぼれい）として鳥の餌にカルシウム補給源として混ぜられていたほか，粉末を固めたサプリメントとして市販されている．道路の舗装材などとして利用される場合もある．ホタテガイの貝殻についても同様の利用が試みられたが，コストの問題があり普及はしていない．黒板用のチョークとして一部利用されている．一方，右側の殻（白くて厚みがあるほう）は食器がわり

として使用されてきた．

ホタテガイのウロは，EPA 含量が高い時期で 2 g/100 g に及ぶなど，高度不飽和脂肪酸に富む．後述のようにカドミウムなどの重金属を蓄積するが（10〜40 ppm/ 乾燥重量），これを除去することにより有効利用しようとする試みもある．硫酸処理でカドミウムを溶出させ電解処理で回収する方法，捕集材を用いたイオン交換法などを用いてカドミウムを除去する方法が提案されているが，コストの問題もあり，実用化が難しい．

##  6.3　食品としての安全性

安全性を考慮する上で，ヒトの健康に悪影響を及ぼす可能性がある危害要因（リスク）について分析をしておくことは安全管理上，非常に有意義である．リスクは一般に生物学的危害，化学的危害，物理的危害に分類される．

### 6.3.1　生物学的危害要因

二枚貝は周辺の水をろ過して餌を取り込む習性があるため，食中毒菌やウイルスも同時に取り込んでいる可能性が高い．中でも，カキの仲間は軟体部全体を食用とするため，生食の場合や加熱が不十分であると，これらの微生物により，食中毒を起こすことが少なくなく，悪名が高い．広島産と東北産（論文中のまま）のカキの微生物叢を比較した報告によれば，前者では非好塩性 *Pseudomonas* 属が最優勢菌であったほか，*Vibrio* 属，*Aeromonas* 属，*Flavobacterium* 属などと多様であったが，後者では好塩性 *Pseudomonas* 属が最優勢菌で，ほかに *Vibrio*，*Moraxella* などが認められた．生菌数は前者で $10^2 \sim 10^6$，後者で $10^2 \sim 10^5$ であったという．

カキには大腸菌群や腸炎ビブリオのほか，ノロウイルスや A 型肝炎ウイルスが認められる．ノロウイルスは，カキによる食中毒の主要原因である．本ウイルスは 10〜100 個程度の摂取で発病するとされるが，85℃，1 分以上の加熱により死滅する．一方，大腸菌は 75℃，1 分以上の加熱で死滅する．カキの中心部がこの温度に達するためには，調理の際にかなり念入りな加熱を要する．加熱しすぎれば当然，軟体部が極度に収縮し，固くなるだけでなく風味も損なわれることになる．しかし，いずれの菌やウイルスも冷蔵，冷凍中に死滅することはない．カキに含まれる可能性は低いが，ブドウ球菌が産生するタンパク質性の毒素（エン

テロトキシン）は耐熱性で，100℃，30分の加熱でも壊れない．

生食用カキの衛生基準は食品衛生法により定められている．細菌数は殻つき，むき身ともに1gあたり5万以下，大腸菌はともに230/g以下，腸炎ビブリオ最確数はむき身のみ100/g以下，加工水の大腸菌群はむき身のみ70/100 mL以下，とされている．検査の頻度についての決まりはない．生カキの取扱いにおいては，水温，品温を5℃以下に保つこと，残留塩素濃度は0.2 mg/L程度に保つことになっている．なお，ノロウイルスについての基準は設けられていない．

### a. 生食用カキの加工・保存基準

原料用カキは，海水100 mLあたり大腸菌群最確数が70以下の海域で採取されたものであるか，またはそれ以外の海域で採取されたもので，大腸菌群最確数が100 mLあたり70以下の海水か，塩分3％の人工塩水を用い，使用した水をときどき交換するか殺菌しながら浄化する必要がある．原料用カキを水中で一時貯蔵する場合は，大腸菌群最確数が100 mLあたり70以下の海水か塩分3％の人工塩水を用い，使用した水を必要に応じて交換するか殺菌しながら貯蔵すること，原料用カキは水揚げ後，速やかに清浄な水で十分に洗浄することが求められる．

加工は衛生的な場所で行い，次亜塩素酸ナトリウム以外の化学合成添加物を使用しないこと，むき身作業には，清浄な水（飲用に適した水，殺菌海水，飲用に適した水でつくった人工海水）を使用すること，器具は洗浄や殺菌が容易なものを使うこと，使用時には洗浄してから殺菌することが求められる．また，むき身用の容器は洗浄や殺菌が容易な金属や合成樹脂などとし，使用時には洗浄，殺菌すること，むき身は上記の清浄な水で十分に洗浄すること，生食用冷凍カキについては，加工後には速やかに凍結すること，さらに生食用カキの加工中に生じた貝殻は速やかにほかの場所に運び出すことになっている．

生食用カキは10℃以下，生食用冷凍カキは−15℃以下で保存することになっている．また，生食用カキは清潔で衛生的な蓋つき容器に入れるか，清潔で衛生的な合成樹脂などで包装して保存すること，生食用冷凍カキは同様に合成樹脂，アルミニウム箔，耐水性加工紙で包装する．

### b. 寄生虫

ホタテガイの鰓に寄生する節足動物カイアシ類のホタテエラカザリ（*Pectenophilus ornatus*）が知られている．大きさ1 cm弱，橙黄色のもので，ほかの海産二枚貝にも寄生が確認されているが，ヒトへの寄生は確認されていない．

一方，カキやホタテガイの貝殻の表面に白い石灰質の細長い管がうねるように付着していることがあるが，これは環形動物カンザシゴカイの仲間の棲みかである．外来生物で，養殖業に悪影響を及ぼすが，これが付着した貝の健康状態には影響がなく，軟体部を摂食した際の危険性もない．見た目が悪いため，出荷前に取り除かれることが多い．

### 6.3.2　化学的危害要因

とくに貝毒が問題となる．麻痺性貝毒の主要成分はカルバモイルトキシン群（サキシトキシン，ネオサキシトキシン，ゴニオトキシン-1〜4），スルホカルバモイルトキシン群（ゴニオトキシン-5,6，プロトゴニオトキシン-1〜4），デカルバモイルトキシン群（デカルバモイルトキシン，デカルバモイルゴニオトキシン-1〜4）である．下痢性貝毒の主要成分はオカダ酸群（オカダ酸，ディノフィシストキシン-1〜3）である（5.1節参照）．

#### a.　毒化状況のモニタリング

貝毒原因プランクトンの監視体制は都道府県によって異なり，青森県や大阪府では通年，週1回から月1，2回，危険性の高まる春先から夏場には週1回の頻度で行われる．定点においていくつかの深度（最大7層）から採水し，プランクトン数の測定に用いる．

出荷規制（生産者による自粛）を行う毒量については，北海道ではホタテガイの場合，麻痺性貝毒が可食部1 g あたり3マウスユニット（MU），中腸腺が同20 MU，下痢性貝毒が同 0.025 MU としている．また，宮城県では麻痺性貝毒が可食部1 g あたり3〜4 MU，下痢性貝毒が 0.04〜0.05 MU となった場合，生産者に対する注意喚起がなされ出荷自粛を求めることとなっている．

『二枚貝等の貝毒のリスク管理に関するガイドライン』（農林水産省消費・安全局, 2015）によれば，ホタテガイ可食部の毒量が規制値（麻痺性貝毒で 4 MU/g，下痢性貝毒で 0.16 OA 当量/kg，OA はオカダ酸，5.1節参照）を超えた場合，貝毒局長の通知により，都道府県が出荷の自主規制を要請し，全検体の毒量が規制値を下回り，1〜2週間後の検査でも全検体について同様の結果が得られれば出荷の再開ができる，などとしている．さらに，麻痺性貝毒については，中腸腺を除くことで可食部の毒性が規制値以下になれば，処理法が適切であり，安全体制が都道府県により認定されている処理場で処理すれば，毒性を確認したのちに出荷できる．下痢性貝毒についてもほとんどが中腸腺に集中し，ほかの部位へはほ

とんど移行しないため，同等の措置がとられる．

生食用の岩カキについては，新潟県では指定された水域の清浄な場所で，大腸菌群最確数が 70/100 mL 以下，マガキと同じく食品衛生法に基づいた基準（上述）を満たすこと，腸管出血性大腸菌やノロウイルス遺伝子が検出されないこと，貝毒が規制値（麻痺性：4 MU/g，下痢性：0.16 mg OA 当量/kg）を超えないこと，定められた期間におけるこれらの項目の自主検査を実施することなど，厳しい基準が設けられている．

### b. 微量元素の毒性と機能性

二枚貝は重金属も蓄積するが，表 6.6 に示すように，ホタテガイではヒ素が貝柱に，カドミウムは中腸腺に多く，亜鉛はいずれの組織にも多いが，生殖巣，中腸腺，外套膜にとくに多い．これらの重金属は二価の陽イオンとして存在し，体内の硫黄化合物，中でもタンパク質に結合して機能を阻害することで毒性を発揮する．カドミウムの毒性はとくに危険視されている．上述のように貝毒も蓄積されるので，なおさら中腸腺を食べるのは控えたほうがよい．ヒ素については海藻ヒジキの含量が高く，ほとんどが有機体（アルセノベタインなど）として存在するが，調理の過程で流出するため，食用としても問題ないとされる．ヒ素の半数致死量は経口摂取の場合，およそ 0.8 g/kg 体重で，体重 50 kg の人では約 40 g であるが，化合物ではさらに低い値になる．貝柱のヒ素含量から概算して，貝柱を 1 度に 100 kg くらい食べたときの摂取量に相当する．貝柱の大きさにもよるが，ざっと 3000 個分の毒量に相当する．

カキとアサリの微量元素の濃度を表 6.7 に示す．カキには亜鉛が圧倒的に多く，銅の含量も比較的高い（表 6.1 も参照）．鉛の含量はいずれの二枚貝でもあまり高くない．一方，亜鉛は核酸やタンパク質の合成に必要なため，欠乏すると成長不良，皮膚や味覚の障害，免疫力の低下を招くので，カキはそのよい補給源といえる．通常の食生活では亜鉛過剰症になる心配はないとされる．

表 6.6 ホタテガイ各部位における微量元素の含量（mg/kg）（小野塚ほか，2002 改）

|  | ヒ素 | カドミウム | 銅 | 鉛 | 亜鉛 |
| --- | --- | --- | --- | --- | --- |
| 貝柱 | 20〜45（31） | 0.1〜0.4（0.2） | 0.1〜0.3（0.2） | 0〜0.1（0.03） | 13〜19（16） |
| 中腸腺 | 7〜11（8.1） | 14〜26（19） | 2.1〜11（4.5） | 0.02〜0.2（0.1） | 29〜45（35） |
| 生殖巣 | 2〜4（3.5） | 0.4〜5.2（1.9） | 0.3〜1.5（0.9） | 0.1〜0.7（0.3） | 27〜63（42） |
| 外套膜 | 12〜17（14） | 0.1〜1.4（1.1） | 0.3〜0.6（0.4） | 0.02〜0.2（0.1） | 32〜44（37） |

2 桁以上の数値は小数第一位で四捨五入．

表6.7 カキとアサリにおける微量元素の含量（mg/kg）（小野塚ほか，2002改）

|  | ヒ素 | カドミウム | 銅 | 鉛 | 亜鉛 |
|---|---|---|---|---|---|
| カキ | 0.6〜0.9 | 0.1〜0.2 | 17〜21 | 0.1〜0.2 | 372〜534 |
| アサリ | 0.4〜2.7 | 0.01〜0.21 | 0.6〜1.5 | 0〜0.4 | 9〜29 |

東京湾産.

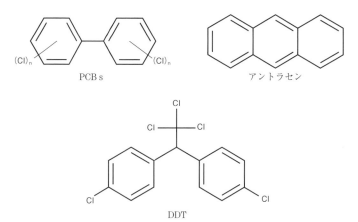

図6.11 代表的な環境汚染物質の構造
アントラセンはPAHsの一種.

### c. 環境汚染物質

有明海産のカキ（*Crassostrea virginica*）からはポリ塩化ビフェニル（PCBs）など有機塩素化合物（1gあたり平均530 ng），多環芳香族炭化水素（PAHs；脂質1gあたり平均1340 ng），有機塩素系農薬のジクロロジフェニルトリクロロエタン類（DDTs）など（図6.11）が検出されているが，海域による含量の変動が認められている．これらの物質は脂肪組織に蓄積しやすいが，貝類の脂肪含量が少ないことから，心配する程度ではないと思われる．

### d. アレルギー原因物質

カキ類，ホタテガイを含む貝類の主要なアレルゲン（アレルギーの原因となるタンパク質）はトロポミオシンという，筋肉タンパク質の一種である．トロポミオシンは筋収縮の制御を行うタンパク質で，二枚貝では貝柱に多く存在する．このタンパク質は水溶性で熱に強く，加熱に伴って溶け出てくるため，スープなどに含まれる．オイスターソースなどの加工品にも含まれるが，国内では表示義務は求められていない．

二枚貝によるアレルギーについての報告はあまり多くないが，アナフィラキ

シーショックを起こす可能性があり，ひどい場合には死に至ることもある．エビ，カニなどの甲殻類に比べ貝類アレルギーの症状は軽く症例も少ないため，あまり研究が行われていないのが実状である．しかし，甲殻類アレルギーを起こす人は，二枚貝にも敏感である可能性があるので要注意である．

### 6.3.3 物理的危害要因

いわゆる異物のことで，ガラス片，木材片，金属片などがある．収穫や加工の工程で混入する可能性がある．まれに貝類が分泌した真珠状の核が異物として報告されることもある．カキの卵巣が球状のイボのようになり，クレームの対象になることがあるが，食べても無害である．

### 6.3.4 危害要因への対策

このような危害要因に対してHACCP（Hazard Analysis Critical Control Point: 食品の危害分析重要管理点監視）が確立されている．輸出向け仕様の多いホタテガイの生産における衛生管理についてみると，加工のための原料貝の受入れが重要管理点の1つであり，危害は貝毒と鮮度低下に絞られる．そのため，稚貝の採取から養成，出荷に至るまで，上述の危害要因の監視を実施し，管理記録をとっておく必要がある．生産段階においては，人間活動によりもたらされる細菌や環境中の常在菌，貝に付着している細菌の増殖が重要管理点である．そのため，収穫から出荷まで衛生的な環境で貝を取り扱う必要がある．また，化学的危害に対しては，養成中における環境汚染物質（重金属，農薬，内分泌攪乱物質など），さらに収穫準備段階でも環境汚染物質および貝毒についての監視が必要である．

とくに欧州連合（EU）向けの輸出用は，生産海域（大腸菌数に基づきA，B，Cの3段階に分類，Aが清浄海水相当）の水質の監視とモニタリング，養殖施設，出荷工程および陸揚げ施設の衛生管理，トレーサビリティ（生産から販売に至るまで食品の追跡を可能にすること）などについて細部にわたる基準の設定がなされている．ちなみに清浄海水の基準は大腸菌群が最確数70/100 mL以下，カドミウムが0.01 ppm以下，総水銀が0.0005 ppm以下となっている．　〔落合芳博〕

### 文　　献

Fuke, S. and Konosu, S. (1991). *Physiol. Behav.*, **49**, 863-868.
He, H., Adams, R. M. *et al.* (2017). *J. Food Sci.*, **67**, 640-645.

Kawashima, K. and Yamanaka, H. (1996). *Fish. Sci.*, **62**, 639-642.
宮園　章・中野　広（2000）．北水試研報，**58**，23-32.
文部科学省（2015）．日本食品標準成分表 2015 年版（七訂）．
農文協 編（2014）．地域食材大百科　第 15 巻　水産製品．
小野塚春吉，雨宮　敬ほか（2002）．東京衛研年報，**53**，253-257.
梅津　聡 監修（2007）．おいしい牡蠣の本，笠倉出版社．
Yokoyama, Y., Sakaguchi, M. *et al.* (1992). *Nippon Suisan Gakkaishi*, **58**, 2125-2136.
米田千恵，笠松千夏ほか（2012）．調理学会誌，**45**，339-345.

# 7

# カキ・ホタテガイの流通・経済

 ## 7.1 はじめに

　日本で生産される貝類の中で，カキ，ホタテガイは経済規模が圧倒的に大きい．2015年の水揚高はカキが388億円，ホタテガイが1290億円であり[*1]，貝類総水揚高の20％と66％を占めている．とくにホタテガイの水揚高は魚種別にみた場合，マグロ類・1765億円，ブリ類・1545億円に次ぐ第3位に位置し，第4位のノリ類・855億円，第5位のサケマス類・790億円を大きく引き離している．

　またカキ，ホタテガイを生産する漁業者の経営は，地域差，個別差を伴うものの，平均的にはいずれもかなり良好な状態にあるといってよい．その経済的要因をあげると，カキ養殖およびホタテガイ養殖の場合，①天然採苗によって安定的かつ低コストで種苗を確保できること，②無給餌養殖であるため相対的に育成コストが低いこと，③競合する低価格輸入品の影響が少なく，生産物価格が比較的安定していることなどを指摘することができる．またホタテガイ漁業についてはこれらの点に加えて，その生産性，収益性の高さをあげることができよう．広大な漁場に大量の種苗を放流し，輪採制[*2]で4, 5年後に小型底曳き網を用いて再捕するというこの漁業は，きわめて効率的で高収益を実現していることがよく知られている．

　このようにカキ養殖業，ホタテガイ漁業・養殖業はいずれも経営状況が良好で，漁業後継者の確保率も高いのだが，おのおのの流通はかなり異なるものとなっている．たとえば流通する商品形態としては，カキが殻つき・むき身といった生鮮

---

[*1] 農林水産省「漁業養殖業生産統計」による．なお，ここで掲載している生産額はすべて漁業，養殖，種苗の各生産額の合計である．

[*2] 輪採制は漁場を4ないし5区画に区切り，毎年1区画ずつ外敵を駆除した漁場に種苗を放流し，4ないし5年後にそれを順次再捕していく方式である．

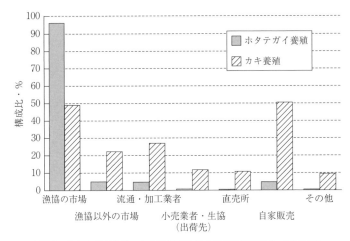

**図 7.1** ホタテガイ養殖・カキ養殖経営体の出荷先別構成比（2013 年）
第 13 次漁業センサスによる．
注　出荷先が複数ある経営体があるため，出荷先別構成比の合計は 100 % とならない．

品主体であるのに対して，ホタテガイは冷凍，ボイル，乾燥といった加工品主体であるし，対応するマーケットもカキが国内市場中心であるのに対して，ホタテガイは輸出が大きな割合を占めるといった違いがある．

　また，産地における生産物の出荷先も，カキが流通・加工・小売業者への直接出荷や直売所への出荷，および自家販売が主流となっているのに対して，ホタテガイの場合は大半が漁協開設の産地市場に出荷されている（図 7.1）．以下では，カキ，ホタテガイのおのおのについて，その流通の実態と輸出入の動向について述べる．

〔宮澤晴彦〕

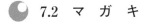 **7.2　マガキ**

### 7.2.1　マガキの国内流通
#### a.　国内養殖マガキ産地の動向

　養殖マガキの国内の最大の産地は，図 7.2 にみられるように広島県である．1989 年では約 65 % のシェアを占めていたが，1998 年までその収穫量は大きく減少し，1998 年には約 45 % にまでそのウェイトを低下させた．その後，若干，収穫量が増加するが，2000 年以降は 11 万 t（殻つき換算）前後で停滞している．

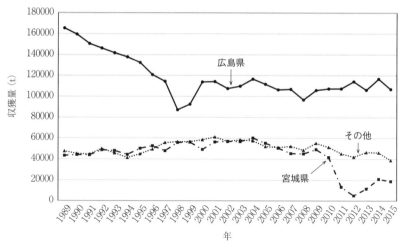

**図 7.2** 国内養殖カキの収穫量
農水省『漁業養殖業生産統計年報』より作成.

これは,広島湾の汚染が進み,漁場としての自然浄化力に限りがみえてきたこととあわせ,後述する価格の低下傾向が続いたことが大きな要因である.

広島県について国内で第2番目のシェアを誇っているのが宮城県である.どちらもむき身カキの出荷であり,国内市場では競合する.しかし,2011年3月11日の東日本大震災により,甚大な被害を受け,収穫量は図7.2に示されているように大幅に減産となった.その後,若干,盛り返すがかつての水準には至っていない.2016年現在,水産庁の「浜の活力再生広域プラン」によると,宮城県の回復率は「漁業者数,生産量共におよそ50%程度に留まって」おり,「また,長年にわたり剥き身作業等に従事し熟練した技術を持った作業員等が沿岸部を離れたことにより,労働力の確保が困難となったことも,剥き身カキ出荷数量が回復しない要因の1つとなっている」とある.

以上のように,現在,国内養殖マガキの収穫量は,1990年代水準から広島県,宮城県の2大産地の大幅減産の結果,全体的に減少傾向が続いている.このような国内における養殖マガキの減産化に伴い,2000年代の後半から価格が漸次上昇しつつあったが,図7.3にみられるように東京都中央卸売市場でのむき身・殻つきの養殖マガキの価格は,とくに東日本大震災後の2013年以降,大幅な上昇となった.

こうした大幅な価格上昇によって,最近,新たな産地側からの対応がみられる

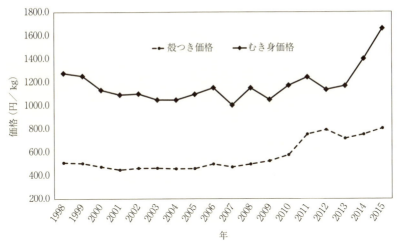

**図 7.3** 東京都中央卸売市場の養殖マガキ殻つき・むき身価格
東京都『東京都中央卸売市場年報』各年版より作成.

ようになった．その1つが各産地，生産者による養殖マガキの「ブランド」化の動きである．これは，東日本大震災以降，宮城県からの養殖マガキが流通されなくなったことと，今日までの養殖マガキの養殖技術の革新が進み，沖合での養殖が可能となったこと，また広島県の筏式にしても，宮城県の延縄式にしても初期投資をあまり必要としなくなった，という条件によって小規模な養殖業者でも着業が可能となった．こうしたことにより，北海道から九州まで全国的に産地が広域的に拡大してきた．すなわち流通業者としては，宮城県からの入荷が困難となったことを受け，全国に展開する養殖マガキ産地からの荷引きを行うようになってきたのである．こうした結果，いままでは地域的ブランドであったものが全国流通の中で全国的に知られる「ブランドカキ」となった．こうした「ブランドカキ」の登場によって産直などの市場外の新たな流通システムによるチャネルづくりも進展している．もう1つは，いままでむき身出荷がほとんどであった宮城県などの殻つき出荷の動きである．もちろん，これは厚生労働省の食品衛生法による生食用の採取海域が養殖マガキの基準をクリアーしたものでなければならない．少々古い統計値であるが，1997年の調査でも9割方はむき身出荷であったが，1割は漁協市場を通じて宮城県漁連（現宮城県漁協），あるいは市場仲買業者を通じて量販店，各消費地市場へ出荷されていた．こうした仲買業者などを通じた流通チャネルではなく，生産者グループなどによる消費者への"直"の新たな流通

チャネルづくりが行われてきたのである.

**b. 主要産地の流通**

(1) 広島県

広島県の養殖マガキの流通の特徴は，歴史的に漁協による共同販売体制が脆弱であり，産地の仲買業者の力が強く，産地流通における商系ルートが主流となっていることである．こうした産地仲買業者が1970年代以降，量販店との取引を強めることにより，産地の養殖生産者の量産志向に一層，拍車をかけた．このような広島県の養殖マガキを取り扱う産地仲買業者は，大小含めて30数社あるといわれているが，1990年ごろから産地仲買業者の中での分業化が進行してきた．それは，養殖マガキの集荷を専門とする集荷専門業者と加工を専門とする加工業者である．集荷専門業者は，1～2人程度の小規模・零細なものが多く，彼らはもっぱら運送業者であり，各産地の養殖業者から養殖マガキを集荷する．集荷した養殖マガキは加工業者に渡し，養殖マガキの漁閑期の夏の期間，こうした業者は加工業者のもとではたらく．加工業者は，むき身にしたものを「チューブ」，あるいは「ロケット」というビニール製の包装にした製品を量販店に出荷する．広島県の養殖マガキのむき身は，量販店向けが多くを占め，量販店向け市場外流通が7割弱といわれており，市場外流通が主流である．

広島県の東京都中央卸売市場における取扱い動向に関して述べよう．図7.4は

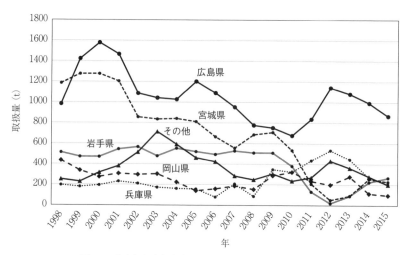

**図7.4** 東京都中央卸売市場のむき身カキの出荷先別取扱量
東京都『東京都中央卸売市場年報』より作成.

むき身マガキの主要な出荷先別取扱量である．この図を参照すれば明らかなように，むき身のマガキの広島県の取扱量が 2000 年をピークに次第に低下傾向にあることがわかる．また，宮城県も 2011 年の東日本大震災以降，極端な落ち込みがみられるが，広島県と同様に 2000 年をピークに漸次，低下傾向を示している．このように東京都中央卸売市場でのむき身養殖マガキの取扱量は減少傾向にある．広島県，宮城県の 2 大産地に対して岡山県，兵庫県，その他産地の取扱量は，それほどの大きな変動はない．広島県の取扱量の減少は，太田川河口域の広島湾の漁場の汚染が進行し，それに伴って養殖施設単位面積あたりの生産性が低下してきたためである．つぎに述べるように，この海域で養殖された生食用の養殖マガキの出荷は禁止されており，生食用ではなく，ほとんどが加工向けとなっている．

　広島県は 1950 年から毎年，養殖漁場の水質検査を行ってきた．その調査結果から 1967 年以降，養殖海域が指定されることとなった．生食用に関しては海水 100 mL あたり大腸菌群最確数 70 以下（試験管培養した結果，確かめられた大腸菌群の数）の海域とし，この海域を指定海域（清浄海域），この海域以外は指定外海域とし，広島県告示第 939 号によって 1967 年の厚生省告示第 349 号に準拠し，同年 11 月 10 日に区分した．しかしながら，大雨のあと，川の水が大量に流れ込み，指定海域の清浄度が一時的に基準値を超えることがあることが判明し，これらの海域は，条件つき指定海域として，大雨のあとの一定期間は，採取を自粛することになった．こうした漁場は，生食用マガキには不適となったが，加工向けマガキの身入り漁場として 9 月から翌年の 5 月まで利用されるようになった．こうしたことにより，広島県の大部分のマガキ漁場は加工向けのマガキのための養殖漁場であり，生食用の殻つきはほとんどない．

　大阪市中央卸売市場（本場）のマガキの出荷先別取扱量を示したものが図 7.5 である．大阪市中央卸売市場では，広島県からの出荷がもっとも多く，2000 年に 1600 t とピークに達したが，その後，この図を参照すれば明らかなように，600 t 前後で停滞する．これは図 7.2 にあるように，2000 年代に入ると，前述したように広島県の養殖マガキの収穫量も停滞することから，大阪市中央卸売市場への出荷量も停滞したものと思われる．これは前述した東京都中央卸売市場のむきマガキも同じ傾向であったが，広島県産マガキは市場での取扱いも流通量も減少傾向にあることがわかる．

　広島県の養殖マガキの流通経路は，前述したように市場外流通が主体となって

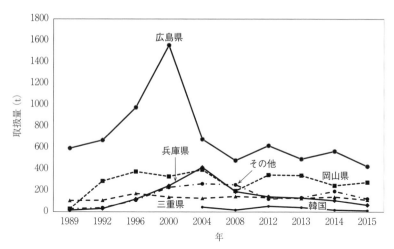

**図7.5** 大阪市中央卸売市場（本場）のカキの出荷先別取扱量
大阪市『大阪市中央卸売年報』より作成．

**図7.6** 広島県の養殖マガキの流通ルート

おり，直接の量販店への出荷が多くを占めている．流通ルートは図7.6に示されているように3パターン存在する．

②，③の流通ルートは全体の2割程度といわれている．①のルートがもっとも多く全体の8割程度となっている．とくに，このルートでも明らかなように広島県産養殖マガキの場合，漁協の共同販売体制がないことが大きな特徴である．①の場合は，前述したように集荷業者を介在させることがある．こうした量販店への出荷が多いのは，早くから広島県産養殖マガキの「製品差別化」が行われてきたという事情のほかに，とくに「食品の安心・安全」上の問題がある．2003年に宮城県で問題になったように韓国産を自県産という産地表示の偽装問題，および冬場の食中毒の原因であるSRSV（小型球形ウイルス，分類上の名称はノロウ

イルス）問題があり，産地，および生産者の履歴が明示されていることが必要となったためである．こうして消費者からの品質に対する要求が高まり，直接生産者・産地と量販店との直取引により，消費者の養殖マガキに対する「安心・安全」を担保しなければならない，という事情から近年も，市場外流通による量販店との取引が依然として多いのである．したがって当然のことながら取引方法は相対となっている．

(2) 宮城県

　宮城県の養殖マガキの歴史は，1952年の宮城県水産試験場の延縄式垂下養殖法（ちなみに広島県は筏を組みそれに吊るす筏式垂下法）が開発され，外洋でも養殖が可能となり，それが宮城県のみならず隣の岩手県にも普及し，広島県に次ぐ一大産地となった．1968年には種ガキ生産の革新的技術である移動栽培法が発明され，沖合での種ガキ生産が可能となった．また，さらに波浪の高い沖合でもマガキ養殖が可能な"ブランコ"方式による養殖方法が開発され，汚染の進行した湾奥から太平洋東部域での養殖が可能となったことにより，大きく生産が拡大した．しかし図7.2にみられるように2000年以降，5万tから6万t水準で拡大から停滞傾向を示すようになった．こうした停滞期に2011年の大震災が突如として襲来したのである．図7.2にみられるように大きく収穫量は減少した．

　宮城県内産地は北部から気仙沼地区（気仙沼市・南三陸町），県央部の牡鹿半島地区（石巻市・女川町），県南部の松島湾地区（東松島市・松島町・利府町・塩竈市）の3ヶ所の地域からなっている．とくに石巻市を中心とした牡鹿半島が生産の中心であり，宮城県全体の収穫量の約70％を占めている．

　宮城県における養殖マガキの流通の大きな特徴は，宮城県漁協の共同販売体制（以下共販と称する）がとられていることである．宮城県漁協の前身である宮城県漁連時代の1960年代の中ごろから，松島湾などでのマガキの養殖がはじまるに伴い共販体制がはじまった．1978年には県内旧漁協（現在の支所）のすべてが参加する共販体制が確立した．それ以前には，仲買業者が直接，漁協や養殖業者から買いつけを行っていた．現在においても約9割方，共販体制がとられている．

　"3.11"以降，こうした宮城県漁協による共販体制は基本的に変わってはいない．しかし，震災以前は各産地にあった養殖マガキ共同処理場が全壊・半壊したこと，3ヶ所存在していた旧宮城県漁連の入札場も2ヶ所となったことなどが異なる．現在の作業工程と共販に関して述べる．まず，水揚げされた養殖マガキは支所ご

**図 7.7** 宮城県漁協によるむき身養殖マガキの共販ルート

**図 7.8** 宮城県漁協による殻つき養殖マガキの流通ルート

とに共同カキ処理場にもち込まれ，養殖業者や，「むき子」とよばれる女性たちによって朝の 6〜7 時ごろから「カキむき」が行われ，カキむきが終了したあとは汚れや不純物を洗い流す水を溜めたプールを通し洗浄する．カキ処理場は県内に 62 ヶ所存在し，そのうち共同マガキ処理場は 37 ヶ所存在する．洗浄後は鮮むき身マガキとして 10 kg 単位で「たる」とよばれる専用の容器に入れられる．その後，トラックが各共同カキ処理場をまわり，洗浄が終了し「たる」に積み込まれたものを集めまわる．そして宮城県漁協の石巻市，塩竈市の 2 ヶ所の入札場まで運び込み，そこで地区ごと，生産者ごとにラベルがはられ，入札にかけられる．共販の入札に参加する買受業者は 20 人から 30 人程度である．この 2 ヶ所の入札場は，時間差で入札が行われる．石巻の入札場が午後 4 時から開始され，塩竈は午後 5 時からの入札となる．

　宮城県漁協を中心としたむき身養殖マガキの共販ルートは図 7.7，殻つき養殖マガキの流通ルートは図 7.8 のとおりである．このように漁協の共販によるむき身養殖マガキと，全体の 1 割程度の殻つき養殖マガキの流通ルートは異なる．共販においては，漁協は養殖業者から 1.5％，買受業者から 1.5％を手数料として徴収するというシステムをとっている．

### 7.2.2　輸出・輸入マガキの動向

　輸出は 2005 年が 157.5 t，2010 年 546.7 t，2015 年 775.6 t となっており，着実に増加の傾向にある．おもな輸出相手国は中国（香港）であり，その年のカキ輸出量に占めるパーセントが 2005 年が 69.1％，2010 年 83.8％，そして 2015 年が 54.9％とウェイトを下げるが，これは台湾向けが増加したためである．中国（香港）向けの数量は 2010 年が 458.0 t であり，2015 年は 425.6 t と約 7.1 ポイント低下したにすぎない．逆に台湾向けが 2010 年の 35.6 t から 225.8 t へと大幅に増

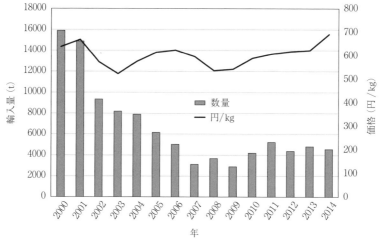

**図 7.9** 輸入カキの数量・価格
財務省『貿易統計』(農水省『漁業養殖業生産統計年報』参考付表) より.

加した．ウェイトも 6.5 ％ から 29.1 ％ へと飛躍的に高まった．こうしたマガキ輸出の増加は，一面では日本経済の円安によるものであるが，他面では 2011 年の韓国産マガキの安全問題が背景にあるものと思われる．養殖マガキの輸出では韓国産と日本産は競合関係にあるからである．

　図 7.9 は輸入カキ (活，生鮮，冷蔵，冷凍) の数量である．この図を参照しても明らかなように輸入カキは 2000 年以降，2009 年まで大きく減少し，その後やや増加するが，それほど大きく増加するわけでもない．しかし，価格は 2009 年以降上昇する．とくに 2014 年の上昇は前年 2013 年と比較し，622 円/kg から 691 円/kg と約 11 ポイントの上昇となる．こうして国内の養殖マガキの大幅減産にもかかわらず，それほど輸入が増加しないのは，輸入養殖マガキの約 95 ％ を占めている韓国産マガキ (2010 年) がノロウイルスの感染問題で 2012 年にアメリカ食品医薬局 (FDA) で勧告を受けたことをきっかけに，食の安全に対する危惧から，予想されたより日本への輸入がそれほど伸びていないものと思われる．2011 年基準では，韓国からの養殖マガキの輸入は金額ベースでは 1 月から 5 月までで 128.8 ％ の上昇を示しているが，図 7.9 に示されているように，これは輸入マガキにおいても価格が上昇したことが大きな要因である．数量では逆に減少している．

　こうして近年，国内主要産地の養殖マガキの収穫量の減少に伴い，他産地にお

ける需要は高まりを示しているが，主要な輸入先の韓国産養殖マガキに対する需要はそれほど伸びているわけではない．図7.5の大阪市中央卸売市場における韓国産輸入マガキも2012年には取扱量が若干の増加を示しているが，その後，減少することによってもわかる．　　　　　　　　　　　　　　　　　〔長谷川健二〕

 7.3　ホタテガイ

### 7.3.1　ホタテガイの国内流通

#### a.　主産地

ホタテガイの生産は7.1節で述べたように漁業と養殖に分かれ，漁業は北海道のオホーツク海と根室湾，養殖は北海道の噴火湾と日本海北部，青森県陸奥湾，および三陸地方を主産地とする．

2015年におけるホタテガイの主要産地別生産量をみると，表7.1に示したように，漁業ではオホーツク海（宗谷，オホーツク）の生産量が20万t（85%），根室湾が3万t強（14%）となっており，この2地域で漁業生産量の大半を占めていることがわかる．養殖では噴火湾（胆振，渡島）が12万t強（50%），陸奥湾が10万t（40%）となっており，ここでも2大産地に生産が集中している．

表7.1　ホタテガイの漁業・養殖・種苗別，主要産地別生産量（2015年）

| | | | 生産量 | | | 構成比 | | |
|---|---|---|---|---|---|---|---|---|
| | | | 漁業(t) | 養殖(t) | 種苗(千粒) | 漁業(%) | 養殖(%) | 種苗(%) |
| 全　国 | 計 | | 233,885 | 248,209 | 2,495,083 | 100.0 | 100.0 | 100.0 |
| 主　要<br>道県別 | 北海道 | | 232,080 | 135,214 | 2,462,497 | 99.2 | 54.5 | 98.7 |
| | 青　森 | | 1,805 | 100,704 | 29,983 | 0.8 | 40.6 | 1.2 |
| | 岩　手 | | － | 3,621 | 2,602 | － | 1.5 | 0.1 |
| | 宮　城 | | － | 8,670 | － | － | 3.5 | － |
| 道内主要<br>振興局別 | 宗　谷 | | 85,078 | － | 202,811 | 36.4 | － | 8.1 |
| | オホーツク | | 113,477 | 6,091 | 549,266 | 48.5 | 2.5 | 22.0 |
| | 根　室 | | 32,479 | － | 215,692 | 13.9 | － | 8.6 |
| | 胆　振 | | 645 | 21,045 | 40,299 | 0.3 | 8.5 | 1.6 |
| | 渡　島 | | 355 | 103,497 | － | 0.2 | 41.7 | － |
| | 留　萌 | | － | 3,394 | 1,222,683 | － | 1.4 | 49.0 |
| | 石　狩 | | － | 353 | 60,001 | － | 0.1 | 2.4 |
| | 後　志 | | － | 784 | 171,745 | － | 0.3 | 6.9 |

農林水産省『漁業養殖業生産統計年報』（2015年版）による．

北海道日本海北部（留萌，石狩，後志）と三陸地方は小規模産地だが，前者は種苗生産量が多く，全国の種苗総生産量の6割をこの地域が占めている．種苗生産はオホーツク海や根室湾でも行われているが，それらはほとんどが地域内で地まき放流用として使用される自給種苗の生産である．これに対して北海道日本海北部は，オホーツク海や三陸地方などに種苗を販売する「一大種苗供給基地」として機能している．

**b. 産地別流通概要**

ホタテガイの流通の仕方（取引形態，仕向け，販路など）は産地毎にかなり異なっており，マーケット対応の面である程度地域毎の棲み分け的状況がみられる．

まず，オホーツク海などの地まき増殖産地では，月2回程度の協議値決め方式[*3]で取引が行われている．取引に参加する仲買人は加工業者が大半で，購入したホタテガイはおもに玉冷(たまれい)[*4]と干し貝柱に加工される．地まき増殖で生産されるホタテガイは海底の砂を噛んでいるため，ボイル加工には不向きで，生鮮殻つき出荷などの場合も砂吐きをさせる必要があることなどから，このような仕向けが主体となっているのである．玉冷の販路は商社を通じての輸出と消費地卸売市場，量販店などへ向けた内販に分かれるが，後述するように近年は輸出がメインとなっている．干し貝柱は内販もあるが[*5]，大半は中国（香港），台湾，シンガポールなどに輸出されている．

最大の養殖産地である噴火湾では，1980年代以降，成貝育成の大半を耳吊り方式（4.2.2項）で行っている．この方式は籠養殖（籠に貝を収容して育成する方式）に比べると貝そのものに付着物がつきやすいが，成長がよく，収穫しやすいといった特徴がある．

産地市場における生産物の販売については，オホーツク海と類似の協議値決め方式がとられていたが，近年は各地区の漁協による入札方式が取引の主流となっている．また，噴火湾では夏場に貝毒が発生するので，その時期の出荷を避けるため，採苗から2年目の春に養成貝の大半が水揚げされている．このように春先

---

[*3] 生産者団体と仲買人の代表が協議して，一定期間内の販売数量や価格を定める取引形態．基準となる生産物の銘柄（たとえば標準サイズなど）や銘柄別（あるいは産地別）の価格差のつけ方，出荷者・購入者への割当方法など，細かな方法についてはかなり地域差がある．

[*4] 玉冷は貝柱だけを取り出して，バラ凍結したものである．地まきのホタテガイは砂を噛んでいるため，足や卵巣などをつけたままのむき身製品やボイル製品では砂が残るリスクが高い．そのため，手間はかかるが貝柱だけを取り出した玉冷や干し貝柱といった製品がメインとなるのである．

[*5] 国内販売に向けられる干し貝柱は，量は少ないものの横浜崎陽軒のシュウマイに使用されていることがよく知られている．その他，スーパーや駅の売店などで珍味として売られているものが多い．

に短期間で大量水揚げされることから、それを効率的に処理するため、従来は水揚げされたホタテガイのほとんどがボイル加工に向けられていた。しかし、2008年に中国で養殖ホタテガイの大量へい死が発生したことを契機として、両貝冷凍[*6]への仕向けが増加し、近年はボイルよりも圧倒的に両貝冷凍仕向けが大きくなっている。両貝冷凍はきわめて単純な加工形態であるため、加工業者の参入・競争圧力が高まり、それゆえ上記のように協議値決めから入札へという取引形態の変化が生まれたのである。

製品の販路については、ボイル製品がもっぱら国内の量販店や業務筋などに出荷されているのに対して、両貝冷凍はすべて中国やベトナムなどへの輸出向けとなっている。なお、噴火湾では八雲町や長万部町で、加工向けの2年貝だけでなく大型の3年貝も生産されているが、これらはおもに生鮮向けとして入札によって販売され、殻つきやむき身などの形態で消費地の卸売市場などに出荷されている。

噴火湾に次ぐ大型養殖産地である陸奥湾では、2年貝生産が主体となっている噴火湾との競合を回避しようという意図もあって、採苗から1年目の春から夏に水揚げする半成貝の生産が大きな割合を占めている。ここでの取引形態は青森県漁連が統括する協議値決め方式となっており、加工業者によって購入されたホタテガイは、半成貝のみならず2年貝もおもにボイル製品に加工されている。とくに噴火湾産ホタテガイが両貝冷凍として輸出に向けられている近年の状況下において、陸奥湾産ホタテガイは国内市場においてその地位を高めつつあるといえる。

北海道日本海北部は大規模な種苗産地であるが、成貝の生産量は少ない。ここでは籠養殖が行われているため貝の付着物が少ないことから、各地区で入札によって販売された成貝は、活貝または殻つき生鮮形態で出荷されている。最近は活貝出荷が大きく増加しているが、そのほとんどはおもに韓国へ輸出されている。なお三陸も籠養殖を行っているため、殻つき生鮮または活貝での出荷が中心となっているが、販路についてはほとんど国内向けとなっている。

以上のように、ホタテガイは産地で玉冷、干し貝柱、ボイルなどの製品に加工される場合が多く、生鮮品や活貝で流通する量は少ない。なお加工品はほかにも缶詰や珍味類などがあるが、それらの仕向け量はごくわずかである。

---

[*6] 両貝冷凍は水揚げされた殻つきのホタテガイをそのまま急速凍結させたもので、きわめて単純な製品である。冷凍両貝とよぶ場合もあるが、もっとも生産の盛んな噴火湾地域では両貝冷凍とよぶ場合が多いようである。

## c. 生産量と産地価格の動向

つぎに，漁業，養殖別の生産量と産地価格の動向をみよう．図 7.10 にみられるように，ホタテガイの生産量は漁業，養殖とも 1980 年代に大きく増加した．漁業，養殖をあわせたホタテガイ総生産量は 1995 年にはじめて 50 万 t を超え，その後は一定の増減をくり返しつつも，50 万 t 台を維持する．このように生産量が急増する中で，年平均産地価格は年を追う毎に低下し，総生産量が 60 万 t を超えた 2003 年には 100 円/kg 程度にまで急落してしまう．

その後，総生産量は 50 万 t 程度に戻り，価格も 150〜200 円/kg 程度に回復する．しかし，55 万 t を超えると価格が急落する状況は変わっておらず，総生産量が 58 万 t 弱となった 2009 年にはふたたび価格が急落している．つまり，2000 年代に入っても需給関係に大きな変化はなく，大量生産体制が維持される中で価格低迷状況が続いていたのである．

ところが 2010 年代に入ると状況は大きく変化していく．2011 年に東日本大震災の影響で養殖生産量が大幅に減少し，そのため産地価格が急騰するが，その後生産が回復しても 2014，2015 年は価格が下がることなく，2011 年を上回る水準に高騰している．この間，国内需要が拡大した形跡はまったくない．むしろ，価格上昇に対応してホタテガイに対する需要は縮小したものとみられる．たとえば

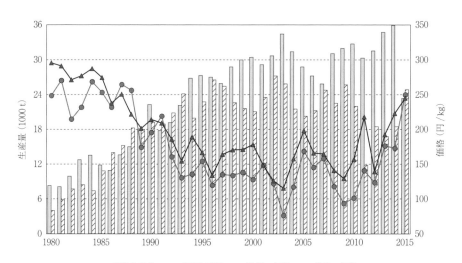

**図 7.10** ホタテガイ漁業・養殖の生産量と年平均価格の推移
農林水産省『漁業養殖業生産統計年報』による．

総務省の家計調査年報をみると，2人以上世帯のホタテガイ購入量は，2009年に1032gであったが，購入価格が100g155円から214円に上昇したことにより，2015年には487gへと減少している．つまり，近年の価格上昇は国内需要ではなく，海外の需要に牽引されたものであったと推定されるのである．

### 7.3.2　ホタテガイの輸入と輸出

そこで，つぎにホタテガイの輸出動向をみるが，その前に世界のホタテガイ生産動向と輸入ホタテガイの動向について簡単にみておきたい．

#### a.　世界のホタテガイ生産と輸入の動向

まず世界のホタテガイ生産であるが，1990年に90万t強であった総生産量は，2015年には260万t強へと大きく増加している．そうした生産拡大の主役を演じたのは中国の養殖生産である．中国のホタテガイ養殖は1980年代後半に開始され，1990年代に入って急成長し，2015年には約180万tの生産を上げるまでに至っている．

そうした中で，中国産ホタテガイの輸入が1990年代に急増するのだが，近年はむしろそうした動きは停滞ないし縮小傾向となっている．図7.11に近年のホタテガイと貝柱の輸入動向を示したが，これにみられるようにホタテガイの輸入

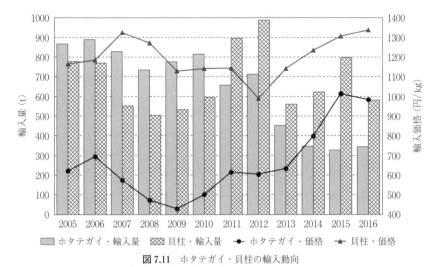

**図7.11**　ホタテガイ・貝柱の輸入動向
農林水産省『農林水産物輸出入統計』による．
注　ホタテガイ，貝柱はともに活，生鮮，冷蔵，冷凍の合計．

量は 2010 年以後，輸入価格の上昇と対応する形で減少傾向に転じている．ホタテガイ以外の貝類も含まれる可能性のある貝柱の輸入量も，近年は横這いないし漸減傾向である．

また，ホタテガイ，貝柱とも輸入量は多い年でも 1000 t に満たない．歩留りは不明だが，原貝重量に換算してもこれらの輸入量は，数千 t から 1 万 t 程度にとどまるものと思われる．これは 50 万 t を超える国内の生産規模と比較すると，ごくわずかともいえる規模である．しかも，中国のホタテガイは日本のホタテガイ（Japanese Scallop）とは異なるアメリカイタヤガイ（Bay Scallop）が大半を占めている．養成期間も 1 年以内のものがほとんどで（それ以上長期養成するとへい死率が高まる），そのため日本に輸出されている製品もシーフードミックスなどに混入されているような小粒のものばかりである．要するに，輸入ホタテガイは日本国内のいわば"裾物市場"に対応するものに過ぎず，国産ホタテガイの需給に大きな影響を与えるものではないとみられるのである．

**b. 輸出動向**

日本から輸出されるホタテガイは，干し貝柱，冷凍品（玉冷，両貝冷凍など），および活貝に大別されるが，近年の変化が大きかったのは冷凍品と活貝である．図 7.12 は，ホタテガイの総輸出量[*7]と平均輸出価格の推移を示したものである．この図にみられるように輸出量は 2012 年以後急増しているが，同時期の輸出価格は停滞ないし微増にとどまっている．

しかし，これを輸出相手国別に分類して細かな動きを観察すると，日本産ホタテガイに対する海外需要の大幅な拡大と輸出価格の高騰という状況が具体的にみえてくる．まず，アメリカ合衆国と韓国に対する輸出の動向をみよう（図 7.13）．アメリカ合衆国への輸出（ほとんどが玉冷）は，アメリカ合衆国内のホタテガイ生産量が減少したため，2011 年から 2014 年にかけて 1000 t 強から 6000 t 強へと急増するが，輸出価格はその間上昇傾向で推移する．2015 年以後は日本の玉冷生産量が減少したことから輸出量も減少するが，価格はさらに上昇し，3000 円/kg を超えるかつてない高水準に達している．

韓国向け輸出も 2011 年以後急増し，近年では 6, 7000 t という高水準を維持している．この時期の韓国向け輸出はほとんどが活貝であり，その輸出価格もこの間年々上昇し，2015 年以後は 500 円/kg を超える高水準となっている．このよ

---

[*7] ホタテガイの総輸出量といっても，この図では生鮮（活貝含む）・冷凍・冷蔵などの総量を示しており，干し貝柱は含んでいない．

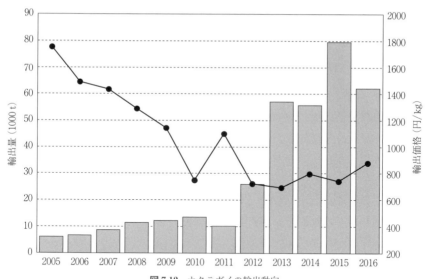

**図 7.12** ホタテガイの輸出動向
農林水産省『農林水産物輸出入統計』による.
注 生鮮, 冷蔵, 冷凍, 塩蔵, 乾燥品の合計値.

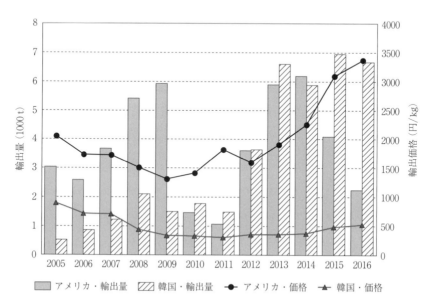

**図 7.13** ホタテガイの対米・対韓輸出動向
農林水産省『農林水産物輸出入統計』による.
注 生鮮, 冷蔵, 冷凍, 塩蔵, 乾燥品の合計値.

うに近年の対米,対韓輸出は強い需要に支えられていずれも好調に推移しており,とくに輸出価格の上昇が顕著となっている.

続いて中国およびベトナム向けの輸出動向をみよう(図7.14).従来ホタテガイの中国,ベトナム向け輸出はほとんどなく,輸出価格も不安定な動きとなっていたが,2009年ごろから輸出量が増加しはじめ,とくに2012年以後急増している.2015年の輸出量は5万tを超えているが,これは主要輸出産地である噴火湾の養殖生産量の5割近い高水準である.

この両国への輸出は大半が両貝冷凍であり,これを原料として中国で玉冷などへの加工が行われており,その製品は中国国内市場やアメリカ合衆国市場に向けて出荷・輸出されている.すでに述べたように中国産のホタテガイは小型で,玉冷や干し貝柱の加工原料としては適していない.しかし,中国では経済発展とともに大型のホタテガイ製品に対する需要が拡大しており,国内の大型ホタテガイを生産する養殖業で大量へい死が発生したこととあいまって,加工原料としての日本の両貝冷凍に対する需要も大幅に拡張した.その結果,輸出量が伸びているにもかかわらず,輸出価格が上昇するというバブルのような状況が生じたのであ

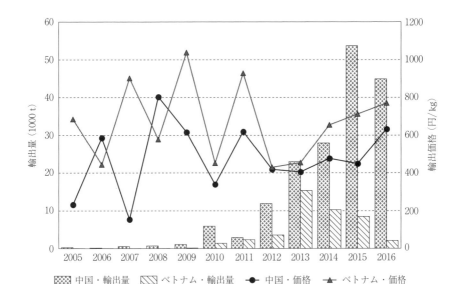

図7.14 ホタテガイの対中・対ベトナム輸出動向
農林水産省『農林水産物輸出入統計』による.
注 生鮮,冷蔵,冷凍,塩蔵,乾燥品の合計値.

る.

　以上みたように，ホタテガイ製品の輸出環境は近年大きく好転し，いずれの製品においても輸出価格が上昇していた．国内産地におけるホタテガイ価格の上昇も，このような輸出条件の変化によってもたらされていたのである．だがこのような輸出環境が今後も持続するとは限らない．とくに両貝冷凍の輸出拡大は，①ウロを除去しないまま輸出していることから，貝毒問題のリスクを排除できないこと，そしてなによりも，②ボイル仕向けが減少し，国内市場向けの製品価格が上昇したことから，国内消費地の需要が落ち込み，今後ユーザーの"ホタテ離れ"を引き起こす可能性があることなどの問題をはらんでいる．近年の産地価格高騰については，マイナスの影響についても留意しておくべきであろう．〔宮澤晴彦〕

文　　献

公益財団法人水産物安定供給推進機構（2017）．平成28年度需給変動調整事業関係調査事業「事業実施水産物の需給動向の把握（ホタテガイ）」報告書．
宮澤晴彦（2011）．漁業経済研究，**55**（1），49-62．
崎出弘和（2016）．農村と都市をむすぶ，**66**(10)，14-22．

# 索引

## 欧文

*Alexandrium* 141
*Anabaena* 141

*Crassostrea* 7
—— *angulata* 12
—— *ariakensis* 11
—— *gigas* 9, 11
—— *nippona* 11
—— *sikamea* 11

D型幼生 18

HACCP 190
*Haplosporidium nelsoni* 感染症 161

LC-MS 142
L-グルタミン酸 149

*Marteilioides chungmuensis* 157

*Ostrea* 7

paralytic shellfish toxins 139
*Patinopecten*（*Mizuhopecten*） *yessoensis* 37
*Perkinsus marinus* 感染症 160
*Perkinsus qugwadi* 感染症 162
*Pseudo-nitzschia multiseries* 148

*Saccostrea* 7
SRSV 198

TASC 127

World Organisation for Animal Health 159

## あ 行

秋撒き 122
アゲピン 109, 113, 121
アザスピロ酸 146, 151
足 56
アズマニシキガイ 1
アミノ酸スコア 175
アミノ酸組成 174
網目状彫刻 40
アメリカイタヤガイ 1
アメリカ合衆国への輸出 207
アメリカ食品医薬品局（FDA） 201
アラレ石 24
アレルギー 189
アンカー 119
安全性 185
アンドン籠 113

胃 32, 57
イェッソトキシン 144
イオンチャネル型グルタミン酸受容体 149
筏式 91, 199
異常貝 132
異常高水温 127
囲心腔 57, 58
イタボガキ 176, 179

イタボガキ属 7, 8, 9, 10
イタヤガイ科 37, 38
イタヤガイ上科 38
一般成分 170
イワガキ 11, 14

ヴェラム 65
ヴェリジャー 65
右殻 22, 42, 53
渦鞭毛藻 141
うま味 177
ウミギクガイ科 38

衛生管理 190
衛生基準 186
エキス 171, 177, 184
鰓 26, 27, 32, 55, 128
鰓繊毛運動 69
エントリウム科 38
塩分 171
縁膜褶 25

横臥型 41
オカダ酸 144, 187
オハグロガキ属 7, 8, 9, 10
オベリア類 137
オリンピアガキ 1
温湯処理 99

## か 行

貝殻 184
貝殻形成 131
貝殻褶 26
外褶 26, 54
外殻帯 38
海底耕耘 100

海底清掃　100
外套膜　24, 25, 26, 53, 132
貝毒　2, 187
カイニン酸　148
貝柱　128, 169, 181
貝柱指数　61
蛙又　120
化学兵器　142
カキの疾病　157
カキヘルペスウイルス μvar 感
　　染症　159
カキ養殖　78
　──の生産管理と漁場管理
　　98
角籠　113
殻高　52
殻体運動　71
殻長　52
角膜　72
加工　186
加工品　183
籠替え　121
籠掃除　121
過剰浮力　133
可食部　169
活貝　204
滑空遊泳型　41
褐変　181
加熱用　182
殻　22, 23
殻カキ生産　96
簡易垂下式　91
感覚褶　25
環境汚染物質　189
韓国産マガキ　201
韓国向け輸出　207
桿晶体　33, 58
カンプトネクテス条線　40

記憶喪失性貝毒　148
危害要因　185
規制値　142, 187
寄生虫　186
基礎生産量　125
キヌマトイガイ　135
急性ウイルス性壊死症　165

協議値決め方式　203
共同販売体制　199
漁場管理　99

グアニン色素細胞　72
櫛歯　37, 39
クラゲ　137
グリコーゲン　5, 170, 181

珪藻　148
下向鰓枝　55
桁網　122
欠刻　132
下痢性貝毒　187
懸垂膜　56
原盤養殖　95

後縁　16
硬化現象　180
交差板構造　40
酵素免疫学的定量法　146
後大動脈　58
公定法　146
小型球形ウイルス　198
国際獣疫事務局（OIE）159,
　168
固着　19, 20, 21
固着型　41
ゴニオトキシン群　140

## さ　行

鰓糸　27, 28
最善法　121
採苗　85
採苗器　81, 116
　──の投入　118
鰓葉　26, 27
左殻　22, 42, 53
サキシトキシン　139
酸欠　129
産地価格の動向　205
三倍体　174
三倍体種苗　88
産卵期　172
産卵母貝と産卵　82

産卵誘発　65
産卵臨界温度　64

耳殻　52
シカメガキ　11, 14
色素　174
色素細胞　72
色調　174
市場外流通　196
雌性前核　65
次善法　121
持続的養殖生産確保法　160,
　164
質量分析　146
指定海域　197
シドニーガキ　1
脂肪酸組成　175
周縁殻　67
重金属　185, 188
自由生活型　41
雌雄同体　63
収容密度　124
宿主転換　154
出荷規制　187
出荷先　193
種苗生産　79
旬　172
消化器官　32
消化盲嚢　32, 34
上下動負荷　133
上向鰓枝　55
静脈系　58
食中毒　185
食品衛生法　146
　──による生食用の採取海域
　　195
食品の安心・安全　198
植物プランクトン　123
餌料収支　126
新貝　128
神経性貝毒　149
人工採苗　115
　──による種苗生産　87
心室　57, 58
心臓　58
腎臓　56

腎臓口 62
靱帯受 52
心房 58

水温耐性 127
垂下養殖 1, 90, 113
垂下養殖貝 60
水産資源保護法 160, 164
水晶体 72
スミノエガキ 11, 14

生菌数 185
精原細胞 62
精細胞 62
生産管理 98
生産サイクル 98
精子 17, 18
清浄海域 197
生殖巣 17
生殖巣指数 63, 118
生食用 182, 186, 188
生体アミン 181
成長予測 125
製品差別化 198
世界のホタテガイ生産 206
積算温度 82
セロトニン 65
前縁 16
前後 52
腺細胞 56
前耳殻 52
染色体数 75
鮮度 179
前閉殻筋 67
選別機 120
繊毛 28, 30, 65, 69

足糸 39
足糸溝 57
足糸腺 57
足糸付着型 41
足糸湾入 37, 42
足神経節 58
底玉 131

## た 行

第1極体 65
第1次鰓枝 55
第1成熟分裂 62
体腔内臓神経節 58
胎生型 17
大腸菌群 185
第2極体 65
第2次鰓枝 55
第2成熟分裂 65
第2精母細胞 62
種カキ 79
　　——の食害 88
玉つけ 131
タマネギ袋 107, 117
タマネギ袋採苗器 113
玉冷 203
俵物 103
タンパク質脱リン酸化酵素 147

稚貝 117
稚貝採取 119
稚貝分散 120
地まき 60, 71
地まき増殖 1, 122
地まき放流 114
地まき養殖 90
中間育成 110, 118
中国産ホタテガイの輸入 206
中国, ベトナム向け輸出 209
中褶 25, 53, 54
中層延縄式 95
中腸 34
中腸腺 57, 128, 145, 182, 187
中腸腺細管 57
中腸腺小胞 57
中腸腺導管 57
調整玉 132
提灯籠 113, 120
蝶番 52
蝶番靱帯 38
調理 181
直腸 58

底生生活期 68
ディノフィシストキシン1 144
ディノフィシストキシン3 145
呈味成分 177, 184
適正収容量 126
適正養殖可能数量 126
テグス 113
手操網 103
デトライタス 123
テトロドトキシン 143
テボヨケローラー 109
電位依存性ナトリウムチャネル $(Na_v)$ 143
天然採苗 2, 79, 109, 116
天然採苗予報 115

ドウモイ酸 148
毒性 188
床上げ 2
　　——と抑制 86
土俵 119
トロコフォア 65

## な 行

内褶 25, 53
内靱帯 38, 52
内面着色 132
流し網 117
軟体部 60
軟体部指数 61
軟体部重量 63
軟体部歩留り 128

ニホンコツブムシ 117
日本山海名産図会 76
入札方式 203

ネトロンネット 117
年輪 60

脳神経節 58
ノロウイルス 185, 198

## は 行

廃棄率　170
背呼吸拡散　55
ハイゼックスフィルム　110
背側　16
ハイドロゾア　136
延縄式　94, 199
延縄式施設　116
バージニアガキ　1
浜の活力再生広域プラン　194
パールネット　113, 119
春撒き　122
半成貝　123, 204

光受容体細胞　72
微生物　181, 185
一粒カキ採苗　88
一粒カキ養殖　96
ヒトデ　118
ひび建て養殖　90
表層延縄式　94
微量元素　188

風味　176
腹側　16
袋替え　118
付着基質　67, 116
付着生物　135
付着稚貝　60, 67
物質循環　126
浮遊幼生　67, 118
"ブランコ"方式　95, 199
古網　110
篩　120
ブルーミング　123
ブレベトキシン　150

閉殻　133
閉殻筋　55
平衡砂　59
平衡石　59
平衡胞　59
ペクテノトキシン　144
変態　67

ボイル加工　203
防疫　167
方解石　24
放射肋　40, 53
胞胚　65
ほこつき　103
干し貝柱　183, 203
捕捉率　70
保存　186
ホタテエラカザリ感染症　166
ホタテガイ　1
　——の疾病　162
　——の主要産地　202
　——の総輸出量　207
　——の閉殻筋に膿瘍を呈する
　　　疾病類　164
ポリエーテル毒　151
ポルトガルガキ　1, 12, 13
牡蠣　184
本養殖　120

## ま 行

マウスユニット　140, 146
マガキ　1, 9, 11, 14
　——の卵巣肥大症　157
マガキ属　7, 8, 9
マガキ養殖　76
マゼランツキヒガイ　1
間引き　118
麻痺性貝毒　139, 187
丸籠　113, 120

幹綱　132
耳吊り　113, 121, 203

むき身カキ　194
無給餌　2
無紋筋　55
ムラサキイガイ　135

面盤　65, 67

盲嚢細管　34, 36
網膜　72
木架式　91

## や 行

雄性前核　65
有紋筋　55
遊離アミノ酸　172, 176, 184
ユウレイボヤ　136
輸精管　56
ゆで汁　184
輸卵管　56

葉状方解石　39, 40
養殖可能数量　125
養殖マガキの「ブランド」化
　　195
幼生　67
　——の出現と幼生調査　83
寄り添い型　41
ヨーロッパイタヤガイ　1
ヨーロッパヒラガキ　1

## ら 行

ラッセル　120
卵　17, 18
卵原細胞　62
卵生型　17
藍藻　141

両貝冷凍　204
稜柱状方解石　40
量販店向け市場外流通　196
料理法　183
輪採制　108, 122, 192

レンズ　72

ろ過食者　2
濾胞　62

## わ 行

和漢三才図会　103
ワタゾコツキヒガイ科　37, 38

編著者略歴

尾定 誠（おさだ まこと）
1957年 富山県に生まれる
1982年 東北大学大学院農学研究科博士課程前期修了
現　在 東北大学大学院農学研究科教授
　　　　博士（農学）

---

シリーズ〈水産の科学〉3
**カキ・ホタテガイの科学**　　　　　　価格はカバーに表示

2019年8月1日　初版第1刷

編著者　尾　定　　　誠
発行者　朝　倉　誠　造
発行所　株式会社　朝倉書店
　　　　東京都新宿区新小川町 6-29
　　　　郵便番号　162-8707
　　　　電　話　03（3260）0141
　　　　FAX　03（3260）0180
　　　　http://www.asakura.co.jp

〈検印省略〉

© 2019〈無断複写・転載を禁ず〉　　　新日本印刷・渡辺製本

ISBN 978-4-254-48503-5　C 3362　　　Printed in Japan

JCOPY 〈出版者著作権管理機構 委託出版物〉
本書の無断複写は著作権法上での例外を除き禁じられています．複写される場合は，そのつど事前に，出版者著作権管理機構（電話 03-5244-5088, FAX 03-5244-5089, e-mail: info@jcopy.or.jp）の許諾を得てください．

水産教育・研究機構 虫明敬一編著
シリーズ〈水産の科学〉1

# ブリ類の科学

48501-1 C3362　　A 5 判 212頁 本体3800円

縁起の良い出世魚の代表として日本で古くから食されてきたブリについて、文化史や生態、養殖技術などさまざまな側面から解説。〔内容〕日本人の食文化／ブリ漁の歴史／生態／天然種苗と人工種苗／栄養／加工と利用／流通・価格／他

日大 塚本勝巳編著
シリーズ〈水産の科学〉2

# ウナギの科学

48502-8 C3362　　A 5 判 240頁 本体4000円

滋養強壮によい食べ物として珍重される一方で、いまだ謎に包まれているウナギについて、文化史や生態、漁業・養殖、資源の保全などさまざまな側面から解説。〔内容〕人とウナギ／回遊／産卵／漁業／国際取引と国際規制／養殖／栄養／他

前東大 阿部宏喜編
食物と健康の科学シリーズ

# 魚介の科学

43551-1 C3361　　A 5 判 224頁 本体3800円

海に囲まれた日本で古くから食生活に利用されてきた魚介類。その歴史・現状・栄養・健康機能・安全性などを多面的に解説。〔内容〕魚食の歴史と文化／魚介類の栄養の化学／魚介類の環境馴化とおいしさ／魚介類の利用加工／アレルギー／他

千葉県水産総合研 滝口明秀・前近大 川﨑賢一編
食物と健康の科学シリーズ

# 干物の機能と科学

43548-1 C3361　　A 5 判 200頁 本体3500円

水産食品を保存する最古の方法の一つであり、わが国で古くから食べられてきた「干物」について、歴史、栄養学、健康機能などさまざまな側面から解説。〔内容〕干物の歴史／干物の原料／干物の栄養学／干物の乾燥法／干物の貯蔵／干物各論／他

前函館短大 大石圭一編
シリーズ〈食品の科学〉

# 海藻の科学

43034-9 C3061　　A 5 判 216頁 本体4000円

多種多様な食品機能をもつ海藻について平易に述べた成書。〔内容〕概論／緑藻類／褐藻類（コンブ、ワカメ）／紅藻類（ノリ、テングサ、寒天）／微細藻類（クロレラ、ユーグレナ、スピルリナ）／海藻の栄養学／海藻成分の機能性／海藻の利用工業

熊本大 横瀬久芳著

# はじめて学ぶ海洋学

16070-3 C3044　　A 5 判 160頁 本体1800円

学術的な分類の垣根を取り払い、広く「海」のことを知る。〔内容〕人類の海洋進出（測地、時計など）／水の惑星（海流、台風、海水、波など）／生物圏（生命の起源、魚達の戦略など）／現状と未来への展望（海洋汚染、資源の現状など）

前東大 北本勝ひこ・首都大 春田 伸・東大 丸山潤一・
東海大 後藤慶一・筑波大 尾花 望・信州大 齋藤勝晴編

# 食と微生物の事典

43121-6 C3561　　A 5 判 512頁 本体10000円

生き物として認識する遥か有史以前から、食材の加工や保存を通してヒトと関わってきた「微生物」について、近年の解析技術の大きな進展を踏まえ、最新の科学的知見を集めて「食」をテーマに解説した事典。発酵食品製造、機能性を付加する食品加工、食品の腐敗、ヒトの健康、食糧の生産などの視点から、200余のトピックについて読切形式で紹介する。〔内容〕日本と世界の発酵食品／微生物の利用／腐敗と制御／食と口腔・腸内微生物／農産・畜産・水産と微生物

前東北大 竹内昌昭・前海洋大 藤井建夫・
名古屋文理短大 山澤正勝編

# 水産食品の事典（普及版）

43111-7 C3561　　A 5 判 452頁 本体12000円

水産食品全般を総論的に網羅したハンドブック。〔内容〕水産食品と食生活／食品機能（栄養成分、生理機能成分）／加工原料としての特性（鮮度、加工特性、嗜好特性、他）／加工と流通（低温貯蔵、密封殺菌、水分活性低下法、包装、他）／加工機械・装置（原料処理機械、冷凍解凍処理機械、包装機械、他）／最近の加工技術と分析技術（超高圧技術、超臨界技術、ジュール加熱技術、エクストルーダ技術、膜処理技術、非破壊分析技術、バイオセンサー技術、PCR法）／食品の安全性／法規と規格

上記価格（税別）は 2019 年 7 月現在